五寨县耕地地力评价与利用

王　应　主编

中国农业出版社

内容简介

本书全面系统地介绍了山西省五寨县耕地地力评价与利用的方法及内容。首次对五寨县耕地资源历史、现状及问题进行了分析、探讨，并引用大量调查分析数据对五寨县耕地地力、中低产田地力和果园状况等做了深入细致的分析。揭示了五寨县耕地资源的本质及目前存在的问题，提出了耕地资源合理改良利用意见，为各级农业科技工作者、各级农业决策者制订农业发展规划，调整农业产业结构，加快绿色、无公害农产品基地建设步伐，保证粮食生产安全，科学施肥，退耕还林还草，进行节水农业、生态农业以及农业现代化、信息化建设提供了科学依据。

本书共七章。第一章：自然与农业生产概况；第二章：耕地地力调查与质量评价的内容和方法；第三章：耕地土壤属性；第四章：耕地地力与环境质量评价；第五章：耕地地力评价预测土配方施肥；第六章：中低产田类型分布及改良利用；玉米土壤质量状况及培肥对策；第七章：耕地地力调查与质量评价的应用研究。

本书适宜农业、土肥科技工作者以及从事农业技术推广与农业生产管理的人员阅读。

编写人员名单

主　　编： 王　应

副主编： 郭　梅　黄　维

编写人员（按姓名笔画排序）：

丰宝丽　王　应　兰晓庆　刘贵山　刘淑萍
孙秀荣　李文秀　杨荣香　肖永胜　张君伟
张虎平　张瑞玲　罗效良　周新民　赵建明
贺　存　贺　霞　贺玉柱　徐　还　郭　梅
黄　维　康　宇　董慧敏　靳海龙　管海燕

农业是国民经济的基础，农业发展是国计民生的大事。为适应我国农业发展的需要，确保粮食安全和增强我国农产品竞争的能力，促进农业结构战略性调整和优质、高产、高效、安全农业的发展。针对当前我国耕地土壤存在的突出问题，2008年在农业部精心组织和部署下，五寨县成为测土配方施肥补贴项目县。根据《全国测土配方施肥技术规范》积极开展了测土配方施肥工作，同时根据《全国耕地地力调查与质量评价技术规程》认真实施了耕地地力调查与评价。在山西省土壤肥料工作站、山西农业大学资源环境学院、五寨县农业委员会土壤肥料工作站技术人员的共同努力下，2012年完成了五寨县耕地地力调查与评价工作。通过耕地地力调查与评价工作的开展，摸清了五寨县耕地地力状况，查清了影响当地农业生产持续发展的主要制约因素，建立了五寨县耕地地力评价体系，提出了五寨县耕地资源合理配置及耕地适宜种植、科学施肥及土壤退化修复的意见和方法，初步构建了五寨县耕地资源信息管理系统。这些成果为全面提高五寨县农业生产水平，实现耕地质量计算机动态监控管理，适时提供辖区内各个耕地基础管理单元土、肥、水、气、热状况及调节措施提供了基础数据平台和管理依据。同时，也为各级农业决策者制订农业发展规划，调整农业产业结构，加快无公害、绿色、有机食品基地建设步伐，保证粮食生产安全以及促进农业现代化建设提供了第一手资料和最直接的科学依据，也为今后大面积开展耕地地力调查与评价工作，实施耕地综合生产能力建设，发展旱作节水农业，测土配方施肥及其他农业新技术普及工作提供了技术支撑。

该书系统地介绍了耕地资源评价的方法与内容，应用大量的调查分析资料，分析研究了五寨县耕地资源的利用现状及问题，提出了合理利用的对策和建议。本书集理论指导性和实际应用性为一体，是一本值得推荐的实用技术读物。我相信，该书的出版将对五寨县耕地的培肥和保养、耕地资源的合理配置、农业结构调整及提高农业综合生产能力起到积极的促进作用。

王高勇

2012年12月

前言

耕地是人类获取粮食及其他农产品最重要、不可替代、不可再生的资源，是人类赖以生存和发展的最基本的物质基础，是农业发展必不可少的保障。新中国成立以来，山西省五寨县先后开展了两次土壤普查。两次土壤普查工作的开展，为五寨县国土资源的综合利用、施肥制度改革、粮食生产安全做了重大贡献。近年来，随着农村经济体制的改革以及人口、资源、环境与经济发展矛盾的日益突出，农业种植结构、耕作制度、作物品种、产量水平，肥料、农药使用等方面均发生了巨大变化，产生了诸多如耕地数量锐减、不合理施肥、土壤退化污染、水土流失等问题。针对这些问题，开展耕地地力评价工作是非常及时、必要和有意义的。特别是对耕地资源合理配置、农业结构调整、科学施肥，保证粮食生产安全、实现农业可持续发展有着非常重要的意义。

五寨县测土配方施肥项目及耕地地力评价工作，从2008年1月开始到2010年12月结束。历时3年完成了五寨县12个乡249个行政村的54万亩耕地的调查与评价任务，3年共采集土样6 500个、完成肥料效益“3414”试验60个。并调查访问了300个农户的农业生产、土壤生产性能、农田施肥水平等情况；认真填写了采样地块登记表和农户调查表，完成了6 500个土壤样品常规化验、中微量元素分析化验、数据分析和收集数据的计算机录入工作；基本查清了五寨县耕地地力、土壤养分、土壤障碍因素、农户施肥状况，完成五寨县主要农作物施肥体系的建立，划定了五寨县农产品种植区域；建立了较为完善的、可操作性强的、科技含量高的五寨县耕地地力评价体系，并充分应用GIS、GPS技术初步构筑了五寨县耕地资源信息管理系统；提出了五寨县耕地保护、地力培肥、耕地适宜种植、科学施肥及土壤退化修复办法等；

形成了具有生产指导意义的多幅数字化成果图。收集资料之广泛、调查数据之系统、成果内容之全面是前所未有的。这些成果为全面提高农业工作的管理水平，实现耕地质量计算机动态监控管理，适时提供辖区内各个耕地基础管理单元土、肥、水、气、热状况及调节措施提供了基础数据平台和管理依据。

为了将调查与评价成果尽快应用于农业生产，在全面总结五寨县耕地地力评价成果的基础上，引用大量成果应用实例和第二次土壤普查、土地调查有关资料，编写了《五寨县耕地地力评价与利用》一书。本书比较全面系统地阐述了五寨县耕地资源类型、分布、地理与质量基础、利用状况、改善措施等，并将近年来农业推广工作中的大量成果资料录入其中，从而增加了该书的可读性和实用性。

在本书编写的过程中，承蒙山西省土壤肥料工作站、山西农业大学资源环境学院、忻州市土壤肥料工作站、五寨县农业委员会领导及教授、专家和广大技术人员的大力帮助和支持，特别是五寨县农业委员会的技术工作人员在土样采集、土壤化验、农户调查、数据库建设等方面做了大量的工作。在五寨县农业委员会副主任黄维领导下，本书由忻州市土壤肥料工作站副站长王应主持编写，参与编写的人员还有郭梅、黄维、贺玉柱、赵建明等同志。参与采样和农户调查的工作人员有刘贵山、张瑞玲、徐还、丰宝丽、梁建军、刘效军、郭红梅、张润福、郭艳梅、张秀慧、苗俊梅、杨国忠、贺文勇、杨宇、张进才、白保祥、郭朴、郭建荣、邸玉平、白新明、刘伯荣、史文斌、温兰生、郝拥政、刘有权、张凤枝、贺鹏、王晋明。参与数据库建设的有王震、侯淑琴、杨宇霆、王华。土样分析化验的工作由大同市富民土壤肥料分析中心、忻府区爱农土壤肥料化验中心。图形矢量化、土壤养分图制作、耕地地力评价工作由山西农业大学资源环境学院和山西省土壤肥料工作站完成，野外调查、室内数据汇总、图文资料收集和文字编写工作由五寨县农业局完成，在此一并致谢。

编　者

2012年12月

目录

第一章　自然与农业生产概况

第一节　自然与农村经济概况

一、历史沿革

从南峰台发现的古文物考证，五寨县境内新石器时代就有人类生息繁衍。战国时为赵国地；秦时为雁门郡地；汉为雁门郡楼烦地，后汉为武州南境；三国时为魏之新兴郡；西晋时为新兴郡地；北魏为肆州秀容梁郡；隋为马邑郡神武县；唐属河东道朔州；辽重熙九年（1040年）设武州，号宣威军，属西京道。统神武县，有宁远镇；金为武州所领宁远县；元朝为大同路武州，至元四年省宁远县及司候司入州；明洪武七年（1374年）为镇西卫（卫治在岢岚）左所地，隶山西都司；嘉靖十六年（1537年）建城堡，因有前所、右所、中所、左所（今城关）、上所（今河湾）而得名五寨堡；清雍正三年（1725年）置五寨县，将三岔堡并入，属宁武府；民国元年（1912年）属山西省，民国三年（1914年）省置道，五寨属雁门道；民国十六年（1927年）废道，直属山西省；1937年抗战爆发后，山西属第二战区，五寨为第二行政区管辖；1940年，建立五寨；1941年8月，属晋西北行政公署第二专署；1945年4月，五寨从抗日战争胜利后，属晋绥边区第二专署，并为晋绥二专署驻地；1949年2月，属晋西北行署管辖，6月成立五寨中心专署；1949年中华人民共和国成立后，属兴县专署；1952年归忻县地区专员公署；1959年4月，忻县专署与雁北专署合并为晋北专署，五寨随属之；1961年10月恢复忻县地区专署，五寨归属；1967年成立五寨县革命委员会，属忻县地区革命委员会；1979年以后，五寨属忻县地区行政公署。

二、地理位置

五寨县位于北纬38°44′～39°15′，东经111°28′～112°，地处管涔山的西北麓黄土高原，境内有山有川、有沟有梁、有峁有洼，最低为养马坪村附近河谷，海拔为1 246米，最高为芦芽山，海拔高度2 772米，南以芦芽山脊与宁武县为界，北隔县川河与偏关相望，东与神池接壤，西和西南与河曲、岢岚毗邻。东西长25千米，南北长60.15千米，中部为40千米的丁字形平川。

三、行政区划

五寨县辖12个乡（镇）、249个村民委员会，257个自然村，总人口11.2万人。其中，农业人口94 981人，农户数2.85万户，农村劳动力3.5万。详细情况见表1-1。

表 1-1　五寨县行政区划与人口情况（2010 年）

乡（镇）	农业人口（人）	村民委员会（个）	自然村（个）
前所乡	11 588	23	24
李家坪乡	5 447	11	13
胡会乡	7 930	15	15
小河头镇	6 022	14	14
韩家楼乡	6 879	26	26
孙家坪乡	7 687	24	25
梁家坪乡	4 639	15	15
杏岭子乡	5 808	32	34
东秀庄乡	7 313	31	33
三岔镇	11 203	34	34
新寨乡	7 552	15	15
砚城镇	12 913	9	9
合计	94 981	249	257

四、土地资源概况

（一）地形地貌

五寨县呈东南—西北走向的长条状、倾斜地形。在全县 1 391 平方千米的总面积中，黄土覆盖遍及各处，从海拔 1 246～2 100 米都有分布，覆盖面积约达 91%。所以，总的属于黄土高原区。根据地貌形态特征、成因、地面组成物质及人类生产活动的影响，大体上可分为东南部的背斜石山和土石山，东西北部水平构造的黄土丘陵沟壑以及其间沿二道河和朱家川河谷的“>”字形坪川三大地貌类型。

1. 石山区和土石山区　主要为芦芽山盘踞，其由黄草梁、荷叶坪、管涔山支脉组成，是吕梁山北端西支芦芽山的一部分，面积为 224 平方千米，占总面积的 16.2%，海拔高度在 1 900 米以上。境内起伏颇大，高差数十米至数百米，沟深坡陡，地势险要，裸露岩石到处可见。相对位置较低的土石山区，林木茂盛，裸露较少，山坡较平缓，山谷较开阔，石山土山交替，土山覆盖黄土，土层下是岩石。

2. 黄土丘陵沟壑区　广泛分布在东西北梁的李家坪、孙家坪、梁家坪、东秀庄、杏岭子等乡（镇），面积 919 平方千米，占总土地面积的 66.6%，海拔为 1 400～1 600 米，相对高差数十米。由于土壤受多种因素不同程度的侵蚀切割，又分为梁地、峁地、沟壑、沟坪地等不同的小地貌类型，而为交错排列，纵横密布。

（1）梁地：垣地经侵蚀沟分割而成的狭长条形地。

（2）峁地：梁地经冲刷切割成园丘状。

（3）沟壑：梁赤与沟底间的陡峻斜坡。

（4）沟坪地：即沟底、地面较为平坦或微有起伏。

3. 河谷平川区 面积 237.5 平方千米，占总土地面积的 17.2%，海拔为 1 200～1 400米，分布在整个朱家川，包括 7 个乡（镇），地形平坦宽阔，两面为丘陵所限制，最宽处 2.5 千米，窄处 0.5 千米，全长 80 千米为近代河流洪积—冲积性黄土状物质。

（二）地质与土壤母质

五寨县地质地貌比较简单，东南部为褶皱背斜断裂侵蚀构造，中部为黄土丘盆堆积坪，西北部为缓丘侵蚀构造。境内出露有花岗片麻岩、石灰岩、砂页岩类，土壤母质主要有以上岩性的残积—坡积物和分布最广的黄土母质，其包括有马兰黄土（新黄土）、离石黄土（红黄土）及埋藏黑垆土。此外还有洪积—冲积—淤积性黄土状物质。

（三）水文及河流

五寨县按其水系，可分朱家川河、县川河、岚猗河三大流域。其中朱家川河为最大的河系。除朱家川河上游的二道河上游有常年清流水（ 0.4 立方米/秒）以外，其他均为季节性河沟，所以汛期在雨季出现。且洪水来时一般水位高，含沙多，历时短，给利用带来一定困难。因此，多数农田尚无法利用洪水灌溉或有之也不可靠。地下水源比较丰富，据勘测，地下水静储量为 7.76 亿吨，动储量为 41.1 万吨/天（多集中在朱家川河干流平原上）。但水位较深，难以开掘利用。

（四）自然气候

五寨县大陆性气候特别显著，受季风所控制，四季分明，气候多变，年降水量高度集中。但因海拔差异较大，随海拔升高，温度逐渐降低，降雨增多，蒸发量减少，无霜期缩短，因而形成了不同的垂直气候带，对土壤的形成与发育产生了强烈的影响。

以海拔 1 450 米以下的地区为例，全区总的气候特点是春旱多风，夏季温热，雨量集中，秋高气爽，冬寒少雪。

五寨县常年无霜期为 110～130 天，年均气温 4.1～5.5℃，1 月最冷为－12.5～15.8℃，7 月最热为 20.5～21.6℃，极端最高气温为 35.2 ℃，最低为－36.6 ℃，全年≥10℃ 的积温为 2 452.3～2 787.5℃，一般冻土平均初日为 11 月上旬，终日为 4 月上旬，最大冻土深度为 149 厘米。

全年降水量平均为 448.4～478.3 毫米，但分配极不均匀，主要集中在 7 月、8 月、9 月这 3 个月，占到全年降水总量的 65%。多以大雨至暴雨形式降落，这样势必引起径流冲刷，侵蚀土壤。本区蒸发强烈，蒸发量为降水量的 3～4 倍，尤以春季为甚，而降水又稀少，谓之十年九春旱。

全年主导风向（气象站所在位置）为西南风，平均风速是 2.8 米/秒；4 月最大，可达 3.7 米/秒，夏季 8 月最小为 2.0 米/秒；常年出现≥6 级的大风日数为 35.4 天，春季最多为 18.4 天，占全年的 52%；冬季最少为 3.4 天，占全年的 9.6%，夏季、秋季分别为 9.1 天和 4.5 天，风向以西南、东南风为强。在大风出现的同时往往伴有扬沙天气，每年扬沙日数达 26.4 天；春季有 18.1 天，占全年的 68.6%；秋季只有 1.7 天，夏季、冬季各有 3.5 天和 3.1 天。

五寨县自然灾害十分频繁而严重，旱、冻、风、雹等灾害，十年九遇，特别是北部地区的干旱和平川低洼地方的霜冻危害更为严重，受灾面积广，影响产量明显。

由于地形所致，五寨县气候并不一致，大体可分为 3 个区域，气象站资料基本上可代表南部和中部平川地区，气候温凉半干燥；南部山地较平川冷凉，降水偏多，气候凉爽湿润；西北部比平川温暖，降水较少，气候温和干燥。

（五）植被类型

植物群落和种类及其地理分布，常随海拔高度、气候变化而发生变化，即气候是主要的影响因素。除此之外，也受地形、地质、水文、土壤等因素的影响，并常因人为的活动引起很大的变异。由于全县海拔差异较大，地形也较复杂，所以植被类型也较复杂。现将不同地形分区的主要植被分述如下。

1. 东南部海拔在 1 900 米以上的山地 本区自然植被属中国北部森林草原型，是以针阔叶混交林为主，并有相适应的草本灌丛植被群落，森林茂密，生长良好。芦芽山等高山的阴坡主要为针叶林所覆盖，主要树种以华北落叶松分布最高，约在 2 100 米以上；云杉分布居中，在 1 900～2 400 米的阳坡，半阳坡均有自生青杆分布，其间常伴有阔叶树种，如白桦、山杨等。林下混生草本灌木丛，主要有苔草、野刺玫等。

此外，本区还分布许多林间草地，如荷叶坪、黄草梁、卧场等高山平台生有苔草、铃铃香、黄花、鬼见愁、火绒球、兰花棘豆等耐湿耐寒性植被。

2. 海拔在 1 500～2 000 米的中低山地 本地带植被主要为草灌，也有少量针阔叶群落，在海拔高的地方生有油松、白桦、山杨等，海拔低的地方有莎草、臭兰香、竹节草、黄花、醋柳、蒿类、白草、狼梭、胡榛等草灌植被。

本区农作物已受到明显的限制，只能种莜麦、山药、蚕豆、胡麻等作物。

3. 海拔在 1 500 米以下的黄土丘陵区 本区多为农田占用，宜耕作物类型多，自然植被残存于部分非耕地和农田沟坡边缘，普遍而典型出现的代表植物有：蒿类、白草、狗尾草、芦草、莎蓬、营草、甘草、苦苣、锦鸡儿等。本区植被类型都属于典型的旱生植被，而且分布稀疏。

4. 川谷地区 本区由于地势平坦，水源较为丰富，居民点集中，为良好的耕作土壤。残存的自然植被仅散见于河畔、渠旁、路边、地堰，主要有灰菜、苦苣、稗草、狗尾草、苍耳苗、莎蓬、芦草、青蒿等草本植被。

五寨县国土总面积为 208 万亩，其中耕地面积 74.46 万亩，占总土地面积 35.8%，以朱家川河为界，分为南北山，南山有管涔山山脉，山高，植被覆盖度高，是五寨县的林区；北山山脉，山较低，以草灌为主，覆盖度低；平川地，按地形划分为丘间坪地，沟谷川地，倾斜平原三种地貌单元。

五寨县属于黄土高原缓坡丘陵区，全县地形南北东南高，西北低，呈长方条块。南部高山区经堂寺办事处为全县高山区，高达海拔 1 700 米以上，中部胡会、新寨、小河头等乡（镇）地形平坦，海拔为 1 400 米左右，西北部地貌单元多样，包括沟谷川地、丘陵，海拔为 1 200～1 600 米，最低点在韩家楼乡养马坪村，海拔为 1 246 米。

五、农村经济概述

五寨县人少地多，长期以来，耕作粗放，广种薄收，施肥水平低，致土壤瘠薄。加之农业生产条件恶劣，十年九旱，自然灾害较多，所以农业产量低而不稳，粮食总产一直在

2 500万千克左右徘徊。新中国成立以来，全县粮食总产在2 000万千克以上的年份有9个，2 500万千克的年份有8个，2 000万千克以下的年份就有15个；平均亩产不足50千克。中共十一届三中全会后，由于党的农村经济政策的贯彻落实，特别是家庭承包经营的大大调动了广大农民群众的积极性，农村形势发展很快，生产面貌变化很大。粮油合计：1981年总产26 410.4万千克，1982年总产44 535.15万千克，1982年比1981年增产68.6%。

20世纪80年代至今，五寨县农业生产和农村经济进一步得到了快速的发展，种植结构更加高效合理，基本形成了玉米、小杂粮、油料、旱地瓜菜4大主导产业种植格局，玉米年种植20万亩、小杂粮年种植18万亩、马铃薯年种植15万亩、油料年种植6万亩，其他作物15万亩，农作物年种植达到74万亩，通过地膜覆盖、测土配方施肥、有机旱作技术的推广，农作物单产水平有了大幅提高，年粮食产量0.4亿～1.5亿千克，年油料产量0.15亿～0.45亿千克，种植业年产值3.5亿～8亿元，农民人均纯收入300～3 000元。

第二节　农业生产概况

一、农业发展历史

五寨县农业历史悠久，早在新石器时代，这里的人类就开始了农业生产。新中国成立后，农业生产有了较快发展。从20世纪50年代以来，开展了轰轰烈烈的农田水利基本建设，涌现出全国劳动模范、全国造林英雄张侯拉等一批杰出人物，自然条件有所改变。20世纪70年代以来，科学种田逐渐为农民接受，广泛施用化肥、农药，大力推广优种、地膜，产量有了提高，在此期间五寨县被山西省政府确定了全省油料基地县。中共十一届三中全会后，生产责任制更加极大地解放了农村生产力，随着农业机械化水平不断提高，农田基础设施的改善，科学技术的推广应用，农业生产发展较快。

二、农业发展现状与问题

五寨县耕地充足，农民人均6.6亩，但土壤瘠薄、干旱缺水、无霜期短是农业发展的主要制约因素，可以概括为“一寒、二旱、三瘠薄、四耕作粗放”。历来以旱作农业为主，靠天吃饭、雨养农业的格局短期内无法改变。全县耕地面积74.46万亩，全部是旱地，主要农产品产量见表1-2。

表1-2　五寨县主要农产品总产量

年　份	粮　食（吨）	油　料（吨）	蔬　菜（吨）	猪牛羊肉（吨）	农民人均纯收入（元）
1949	18 227.60	523.3	150	45	32
1960	16 364.85	246.8	170	60	30
1965	16 715.50	1 227.3	185	350	41

（续）

年　份	粮　食 （吨）	油　料 （吨）	蔬　菜 （吨）	猪牛羊肉 （吨）	农民人均纯收入 （元）
1970	22 923.50	1 020.9	192	651	105
1975	31 216.30	1 052.2	195	920	280
1980	28 110.85	5 602.8	203	1 850	485
1985	20 022.00	7 477.0	210	3 130	560
1990	21 830.00	8 125.0	510	5 560	684
1995	32 450.00	5 520.0	682	6 500	950
2000	35 820.00	3 580.0	1 380	7 520	1 150
2005	40 250.00	3 120.0	2 250	8 730	1 650
2009	51 220.00	2 880.0	2 400	10 050	2 600

从表 1－2 可以看出，五寨县的农业生产水平年际间上下起伏、波动很大，雨量充沛则丰收，雨量短缺则减收，雨养农业的特征非常明显。丰年的粮食产量水平为 50 000 吨左右，平年的粮食产量水平为 27 929 吨左右。单产低而不稳，种田效益极低。

2009 年，五寨县农、林、牧、渔业总产值为 48 520 万元（现行价）。其中，农业产值 24 210 万元，占 49.8%；林业产值 1 128 万元，占 2.3%；牧业产值 20 319 万元，占 42%；农林牧渔服务业 2 863 万元，占 5.9%。

2009 年，五寨县农作物播种面积 74 万亩。其中，粮食作物播种面积 67.6 万亩，油料作物 3.2 万亩，蔬菜面积 0.8 万亩，瓜类 0.4 万亩，中药材 2 万亩。

畜牧业是五寨县一项优势产业。2009 年末，全县牛存栏 52 250 头，其他大牲畜 21 120头，猪 88 201 头，羊 375 500 只，鸡 58 450 只，肉类总产量 10 050 万千克。

由于五寨县 70%的耕地为坡耕地，农机化水平不高，劳动效率低。全县农机总动力 2009 年底为 133 400 千瓦，共拥有大中小型农机具 3 800 台。拥有拖拉机 4 400 台，其中大中型 1 100 台，小型 3 300 台；拥有种植业机具 624 台，其中机引犁 460 台，机引铺膜机 1 920 台，秸秆粉碎还田机 15 台，旋耕机 175 台。

五寨县共拥有各类水利设施处 230（座），水库 2 座，储水量 1 100 万立方米；灌站 1 处，灌渠 3 条，总长度 21 千米；机电井 130 眼，其中深井 10 眼，浅井 120 眼；人畜饮水工程、堤防 230 处；淤地坝 65 座、谷坊 300 座、旱井 10 座、塘坝座 3 座。

第三节　耕地利用与保养管理

一、主要耕作方式及影响

五寨县传统的耕作制度是一年一熟制。因为人少地多，目前生产上普遍采用的间作、套种、混种、立体种植、复播等提高复种指数的先进种植方式。耕作以畜耕为主，近年来小型拖拉机悬挂深耕犁、旋耕机进行耕作，有了一定的规模，耕作深度 16～20 厘米。春耕为主，秋耕为辅。秸秆粉碎还田近年来有了一定的发展。

二、耕地利用现状、生产管理及效益

五寨县种植作物主要有春玉米、谷子、马铃薯、莜麦、糜子、黍子、豌豆、红芸豆、胡麻、黄芥、向日葵、南瓜、西瓜、旱地蔬菜等，是小杂粮区，也是胡麻产区，种植业以旱作农业为主。

通过项目实施，改变了长期以来五寨县在肥料使用中普遍存在的重化肥、轻有机，重氮磷肥、轻钾肥，重大量元素肥料、轻中微量元素肥料的问题和群众盲目施肥的观念；获得了不同土壤肥力的有效养分校正系数、肥料利用率、土壤供肥量等基本参数，使配方施肥参数更加优化；2008 年使全县 20 万亩玉米平均亩增产 31 千克，总增产 620 万千克，肥料利用率提高了 3.3 个百分点，亩节肥 1.1 千克（纯养分），总节省化肥 22 万千克（纯养分）；平均每亩节本增效 53.1 元，总节本增效 1 062 万元；全县 10 万亩马铃薯平均亩增产 156 千克，总增产 1 560 万千克，亩节肥 1.2 千克，总节肥 12 万千克，平均每亩节本增效 116.4 元，总节本增效 1 164 万元。2009 年使全县 20 万亩玉米平均亩增产 51 千克，总增产粮食 1 020 万千克，肥料利用率提高了 3.3 个百分点，亩节肥 1.05 千克（纯养分），总节省化肥 21 万千克（纯养分）；平均每亩节本增效 80 元，总节本增效 1 600 万元；全县 10 万亩马铃薯平均亩增产 154 千克，总增产 1 540 万千克，亩节肥 1.2 千克，总节肥 12 万千克，平均每亩节本增效 116 元，总节本增效 1 160 万元。2010 年使全县 20 万亩玉米平均亩增产 53 千克，总增产粮食 1 060 万千克，肥料利用率提高了 3.3 个百分点，亩节肥 1 千克（纯养分），总节省化肥 20 万千克（纯养分）；平均每亩节本增效 120 元，总节本增效 2 400 万元；全县 10 万亩马铃薯平均亩增产 158 千克，总增产 1 580 万千克，亩节肥 1 千克，总节肥 10 万千克，平均每亩节本增效 163 元，总节本增效 1 630 万元。

三、施肥现状与耕地养分演变

1. 农户施肥现状分析　项目实施前，马铃薯施用有机肥数量是比较多的作物，施用面积、施肥户数占到马铃薯播种面积的 80%，但施肥数量的质量很不平衡，离村庄近的地块施有机肥多，离村远的地块施有机肥少，养畜多的农户施有机肥多，养畜少的农户施有机肥少，有的甚至不施。施有机肥多的每亩达到 3 000～4 000 千克，施有机肥少的每亩只有 500 千克，全县平均亩施有机肥 1 000 千克左右。

项目实施后，经各级政府及涉及农业部门的大力宣传和培训，农作物秸秆综合利用技术推广等，马铃薯施用有机肥数量明显增加，平均亩施有机肥数量达到 1 500～2 000 千克。

2. 马铃薯氮肥施用现状　项目实施前，五寨县马铃薯亩施纯氮 8.5～17 千克，也就是一袋或二袋碳铵。施肥方式“一炮轰”为主，很少追肥，施肥方法多为播种前撒施于地表，后随播种逐步用犁入土中，氮素挥发浪费严重，氮肥用量虽多，但肥料利用率低下。

项目实施后，通过技术培训和试验示范，农民科学施肥意识逐步增强，氮肥用量基本能按配方单的要求施用，且在施肥方式方法上也有了很大改进。改过去的氮肥撒施为随犁深施，改施用碳铵为现在施用高效氮肥尿素多，改过去“一炮轰”为现在的分期施肥，即氮肥利用率由项目实施前的35%～40%提高到38%～45%，增加3%～5%。

3. 马铃薯磷肥施用现状 项目实施前，该县马铃薯田一般亩施过磷酸钙20～40千克，也就是1亩1袋或2亩1袋，由于施磷量偏少，使五寨县耕地土壤一直没有转变贫磷现象，土壤有效磷含量虽较前几年有所增加，但增幅不大。施肥方法一般以直接施入土壤为主，造成土壤有效磷的固定，利用率降低。项目施后，根据土壤化验结果，适当增加了马铃薯田的磷肥施用量，由过去的20～40千克增加到30～50千克，同时在肥料品种的选用上也多以颗粒磷肥或专用肥、复合复混等高效肥为主，这样磷肥的利用率明显提高，达到了显著的增产增收效果。

4. 马铃薯钾肥施用现状 项目实施前，五寨县钾肥的主要来源是草木灰，少部分农户施用的含钾复合肥，基本不施单质钾肥。

项目实施后，五寨县在试验示范基础上，着重抓了以增施钾肥为主要内容的测土配方施肥技术，钾肥施用量一般为每亩5～15千克，最高的甚至达到每亩20千克。收到了提高淀粉含量改善品质、降低空心改善产品质量，增产增效的目的。

5. 在肥料品种的选用上有了明显的改变 通过对300个农户施肥情况调查发现，五寨县马铃薯田亩施碳铵30～50千克、过磷酸钙20～40千克的户数占70%，亩施硝酸磷肥40千克的户数占20%，亩施其他复合肥的户数占10%。施用有机肥的户数占80%。作物生长中期进行追肥（尿素或碳铵）的户数仅占20%。通过调查，还发现农民施肥基本上是“一村一品”或“一作一肥”，科学施肥意识很淡薄。现在，随着测土配方施肥技术宣传培训的深入，试验示范及推广应用面的扩大，全县农民科学施肥意识逐步增强，在合理增施有机肥的基础上，开始重视氮、磷、钾肥的配合施用，同时也带动了化肥市场上化肥品种的多样性，全县市场上现在流通肥料品种多达20种，为开展配方施肥提供了方便。全县74.46万亩粮食作物播种面积，配方施肥面积就达到20%以上，且取得了显著的经济和社会效益。

四、农田环境质量与历史变迁

五寨县农业属旱作农业、雨养农业，农田环境质量没有受到明显污染。

五寨县环境质量现状如下。

（1）空气：五寨县2009年空气质量二级以上天数为310天，其余为三级，空气中主要污染物为粉尘。

（2）地表水：地表水年来量4 426万立方米。

（3）地下水：地下水系主要有5条：

城关—中所—前所—西紫寨—南坪一线；

东羊坊—李家坪—古今坪—大辛庄一线；

二道河平川—鸡儿洼—胡会—小河头—三岔一线；

沿朱家川河一线；

水槽—川口—大武州—五科一线。

五、耕地利用与保养管理简要回顾

1985—2000年，根据全国第二次土壤普查成果，五寨县划分了土壤改良利用区，根据不同土壤类型、不同土壤肥力和不同生产水平，提出了合理利用及培肥措施，并贯彻实施，达到了培肥土壤的目的。

2000年至今，随着农业产业结构调整步伐加快，推广了平衡施肥、秸秆还田等技术。特别是2007年以来，连续4年实施了测土配方施肥项目，使全县施肥更合理、更科学。加上退耕还林、雁门关生态畜牧、巩固基本口粮田建设、中低产田改造、耕地综合生产能力建设、户用沼气、新型农民科技培训、设施农业、新农村建设等一批项目的实施；土壤结构改良剂、精制有机肥、抗旱保水剂、配方肥、复合肥等新型肥料的使用，农业大环境得到了有效改变。近年来，随着科学发展观的贯彻落实，环境保护力度不断加大，政府加大了对农业的投入，并采取了一系列的有效措施，农田环境日益好转，全县农业生产正逐步向优质、高产、高效、生态、安全迈进。2008—2010年测土配方施肥项目实施，土壤养分化验结果统计分析表明，土壤养分含量呈逐年上升趋势，比1981年土壤普查时明显增加。有机质含量全县平均10.58克/千克，增加4.433克/千克；全氮含量全县平均0.66克/千克，增加0.271克/千克；碱解氮含量全县平均65.81毫克/千克，增加32.88毫克/千克；有效磷含量全县平均10.64毫克/千克，增加4.18毫克/千克；速效钾含量全县平均119.26毫克/千克，增加34.47毫克/千克。

第二章　耕地地力调查与质量评价的内容和方法

根据《全国耕地地力调查与质量评价技术规程》和《全国测土配方施肥技术规范》（以下简称《规程》和《规范》）的要求，通过肥料效应田间试验、样品采集与制备、田间基本情况调查、土壤与植株测试、肥料配方设计、配方肥料合理使用、效果反馈与评价、数据汇总、报告撰写等内容、方法与操作规程和耕地地力评价方法的工作过程，进行了耕地地力调查和质量评价。

这次调查和评价是基于4个方面进行的。一是通过耕地地力调查与评价，合理调整农业结构、满足市场对农产品多样化、优质化的要求以及经济发展的需要；二是全面了解耕地质量现状，为无公害农产品、绿色食品、有机食品生产提供科学依据，为人民提供健康安全食品；三是针对耕地土壤的障碍因子，提出中低产田改造、防止土壤退化及修复已污染土壤的意见和措施，提高耕地综合生产能力；四是通过调查，建立全县耕地资源信息管理系统和测土配方施肥专家咨询系统，对耕地质量和测土配方施肥实行计算机网络管理，形成较为完善的测土配方施肥数据库，为农业增产、农业增效、农民增收提供科学决策依据，保证农业可持续发展。

第一节　工作准备

一、组织准备

由山西省农业厅牵头成立测土配方施肥和耕地地力评价与利用领导小组、专家组、技术指导组，五寨县成立相应的领导小组、办公室、技术服务组、野外调查队和室内资料数据汇总组。

二、物质准备

根据《规程》和《规范》要求，进行了充分的物质准备，先后配备了GPS定位仪、不锈钢土钻、计算机、钢卷尺、100立方厘米环刀、土袋、可封口塑料袋、水样瓶、水样固定剂、化验药品、化验室仪器以及调查表格等。并在原有土壤化验室基础上，进行必要补充和维修，为全面调查和室内化验分析做好了充分的物质准备。

三、技术准备

领导组聘请农业系统有关专家及第二次土壤普查有关人员，组成技术指导组，根据

《规程》和《山西省2007年区域性耕地地力调查与质量评价实施方案》及《规范》，制定了《五寨县测土配方施肥技术规范及耕地地力调查与质量评价技术规程》并编写技术培训材料。在采样调查前对采样调查人员进行认真、系统的技术培训。

四、资料准备

按照《规程》和《规范》要求，收集了五寨县行政区划图、地形图、第二次土壤普查成果图、土地利用现状图、农田水利分区图等图件。收集了第二次土壤普查成果资料，基本农田保护区地块基本情况、基本农田保护区划统计资料，大气和水质量污染分布及排污资料，粮食、油料、果树、蔬菜面积、品种、产量及污染等有关资料，农田水利灌溉区域、面积及地块灌溉保证率，退耕还林规划，肥料、农药使用品种及数量、肥力动态监测等资料。

第二节　室内预研究

一、确定采样点位

（一）布点与采样原则

为了使土壤调查所获取的信息具有一定的典型性和代表性，提高工作效率，节省人力和资金，采样点参考县级土壤图，做好采样规划设计，确定采样点位。实际采样时严禁随意变更采样点，若有变更须注明理由。在布点和采样时主要遵循了以下原则：一是布点具有广泛的代表性，同时兼顾均匀性。根据土壤类型、土地利用等因素，将采样区域划分为若干个采样单元，每个采样单元的土壤性状要尽可能均匀一致；二是耕地地力调查与污染调查相结合，适当加大污染源点位密度；三是尽可能在全国第二次土壤普查时的剖面或农化样取样点上布点；四是采集的样品具有典型性，能代表其对应的评价单元最明显、最稳定、最典型的特征，尽量避免各种非调查因素的影响；五是所调查农户随机抽取，按照事先所确定采样地点寻找符合基本采样条件的农户进行，采样在符合要求的同一农户的同一地块内进行。

（二）布点方法

1. 大田土样布点方法　按照《规程》和《规范》，结合五寨县实际，将大田样点密度定为丘陵区。平均每30～80亩一个点位，实际布设大田样点5 600个。第一，依据山西省第二次土壤普查土种归属表，把那些图斑面积过小的土样，适当合并至母质类型相同、质地相近、土体构型相似的土种，修改编绘出新的土种图。第二，将归并后的土种图与基本农田保护区划图和土地利用现状图叠加，形成评价单元。第三，根据评价单元的个数及相应面积，在样点总数的控制范围内，初步确定不同评价单元的采样点数。第四，在评价单元中，根据图斑大小、种植制度、作物种类、产量水平等因素的不同，确定布点数量和点位，并在图上予以标注。点位尽可能选在第二次土壤普查时的典型剖面取样点或农化样品取样点上。第五，不同评价单元的取样数量和点位确定后，按照土种、作物品种、产量水平等因素，分别统计其相应的取样数量。当某一因素点位数过少或过多时，再根据实际情况进行适当调整。

2. 耕地质量调查土样布点方法 在以胡会、小河头乡为中心的工矿企业区周边 24 个村庄采用 S 布点法和梅花布点法采集土壤环境质量调查土样，按每个土样代表面积 100～200 亩布点，在疑似污染区，标点密度适当加大。

二、确定采样方法

（一）大田土样采集方法

1. 采样时间 在大田作物收获后、春播前进行。按叠加图上确定的调查点位去野外采集样品。通过向农民实地了解当地的农业生产情况，确定最具代表性的同一农户的同一块田采样，田块面积均在 1 亩以上，并用 GPS 定位仪确定地理坐标和海拔高程，记录经纬度，精确到 0.1。依此准确方位修正点位图上的点位位置。

2. 调查、取样 向已确定采样田块的户主，按农户地块调查表格的内容逐项进行调查并认真填写。调查严格遵循实事求是的原则，对那些说不清楚的农户，通过访问地力水平相当、位置基本一致的其他农户或对实物进行核对推算。采样主要采用“S”法，均匀随机采取 15～20 个采样点，充分混合后，四分法留取 1 千克组成一个土壤样品，并装入已准备好的土袋中。

3. 采样工具 主要采用不锈钢土钻，采样过程中努力保持土钻垂直，样点密度均匀，基本符合厚薄、宽窄、数量的均匀特征。

4. 采样深度 为 0～20 厘米耕作层土样。

5. 采样记录 填写两张标签，土袋内外各具 1 张，注明采样编号、采样地点、采样人、采样日期等。采样同时，填写大田采样点基本情况调查表和大田采样点农户调查表。

（二）耕地质量调查土样采集方法

工矿企业区周边土样采集，每个样品一般由 20～25 个采样点组成，面积大的适当增加采样点。采样深度一般为 0～20 厘米。采样同时，对采样地环境情况进行调查。

（三）土壤容重采样方法

大田土壤选择 5～15 厘米土层打 3 个环刀。蔬菜地普通样品在 10～25 厘米。剖面样品在每层中部位置打 3 个环刀。土壤容重点位和大田样点、菜田样点或土壤质量调查样点相吻合。

三、确定调查内容

根据《规范》要求，按照“测土配方施肥采样地块基本情况调查表”认真填写。这次调查的范围是基本农田保护区耕地和园地（包括蔬菜和其他经济作物田），调查内容主要有四个方面：一是与耕地地力评价相关的耕地自然环境条件、农田基础设施建设水平和土壤理化性状、耕地土壤障碍因子和土壤退化原因等；二是与农产品品质相关的耕地土壤环境状况，如土壤的富营养化、养分不平衡与缺乏微量元素和土壤污染等；三是与农业结构调整密切相关的耕地土壤适宜性问题等；四是农户生产管理情况调查。

以上资料的获得，一是利用第二次土壤普查和土地利用详查等现有资料，通过收集整理而来；二是采用以点带面的调查方法，经过实地调查访问农户获得的；三是对所采集样品进行相关分析化验后取得；四是将所有有限的资料、农户生产管理情况调查资料、分析数据录入到计算机中，并经过矢量化处理形成数字化图件、插值，使每个地块均具有各种资料信息，来获取相关资料信息。这些资料和信息，对分析耕地地力评价与耕地质量评价结果及影响因素具有重要意义。如通过分析农户投入和生产管理对耕地地力土壤环境的影响，分析农民现阶段投入成本与耕地质量直接的关系，有利于提高成果的现实性，引起各级领导的关注。通过对每个地块资源的充实完善，可以从微观角度，对土、肥、气、热、水资源运行情况有更周密的了解，提出管理措施和对策，指导农民进行资源合理利用和分配。通过对全部信息资料的了解和掌握，可以宏观调控资源配置，合理调整农业产业结构，科学指导农业生产。

四、确定分析项目和方法

根据《规程》及《山西省耕地地力调查及质量评价实施方案》和《规范》规定，土壤质量调查样品检测项目为：pH、有机质、全氮、碱解氮、全磷、有效磷、全钾、速效钾、缓效钾、有效硫、阳离子交换量、有效铜、有效锌、有效铁、有效锰、水容性硼、有效钼 17 个项目；土壤环境检测项目为：硝态氮、pH、总磷、汞、铜、锌、铅、镉、砷、六价铬、镍、阳离子交换量、全盐量、全氮、有机质 15 个项目。其分析方法均按全国统一规定的测定方法进行。

五、确定技术路线

五寨县耕地地力调查与质量评价所采用的技术路线如图 2-1 所示。

1. 确定评价单元　利用土壤图和土地利用现状图叠加的图斑为基本评价单元。相似相近的评价单元至少采集一个土壤样品进行分析，在评价单元图上连接评价单元属性数据库，用计算机绘制各评价因子图。

2. 确定评价因子　根据全国、省级耕地地力评价指标体系并通过农科教专家论证来选择五寨县县域耕地地力评价因子。

3. 确定评价因子权重　用模糊数学德尔菲法和层次分析法将评价因子标准数据化，并计算出每一评价因子的权重。

4. 数据标准化　选用隶属函数法和专家经验法等数据标准化方法，对评价指标进行数据标准化处理，对定性指标要进行数值化描述。

5. 综合地力指数计算　用各因子的地力指数累加得到每个评价单元的综合地力指数。

6. 划分地力等级　根据综合地力指数分布的累积频率曲线法或等距法，确定分级方案，并划分地力等级。

7. 归入全国耕地地力等级体系　依据《全国耕地类型区、耕地地力等级划分》（NY/

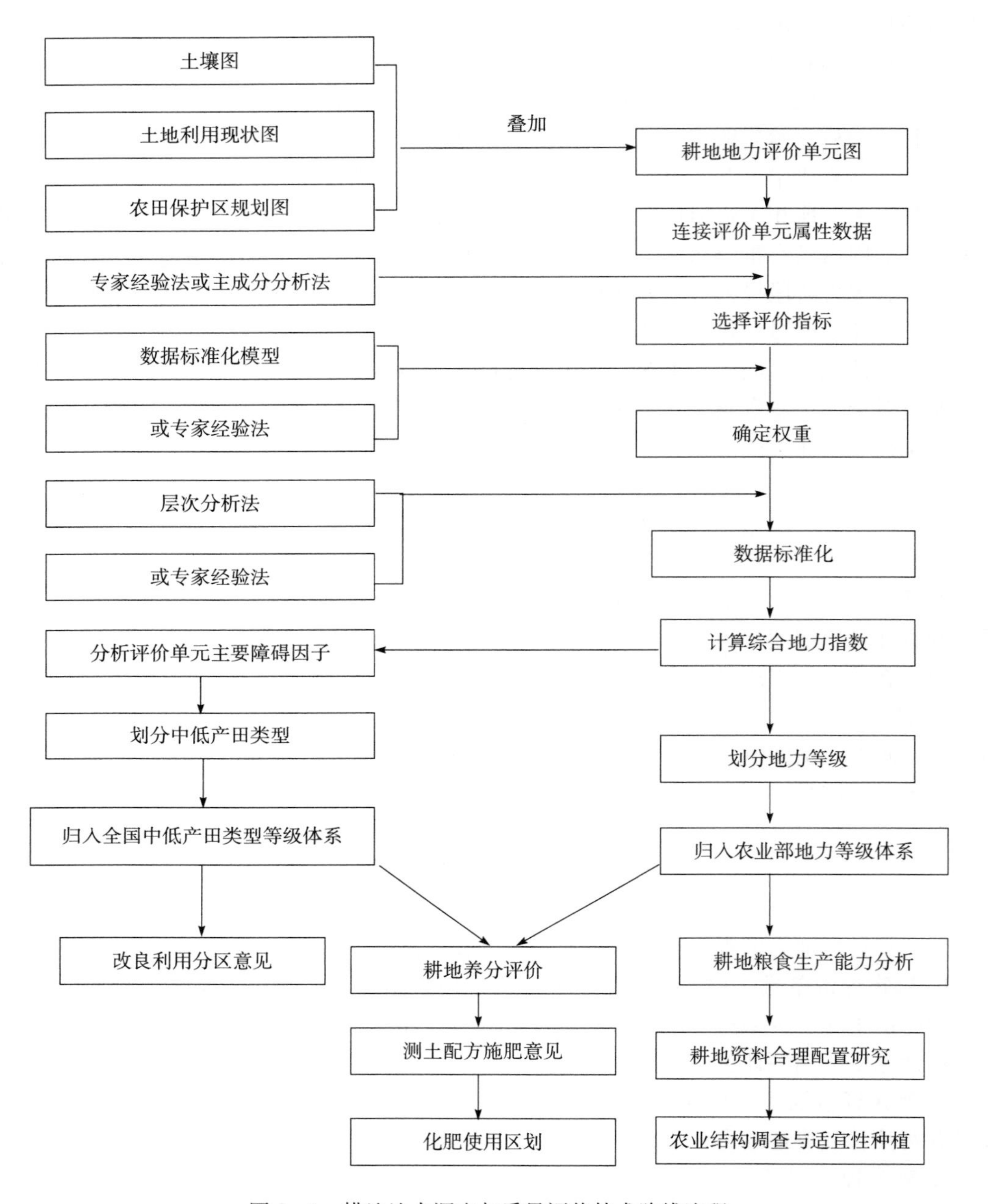

图 2-1　耕地地力调查与质量评价技术路线流程

T 309—1996），归纳整理各级耕地地力要素主要指标，结合专家经验，将各级耕地地力归入全国耕地地力等级体系。

8. 划分中低产田类型　依据《全国中低产田类型划分与改良技术规范》（NY/T 310—1996），分析评价单元耕地土壤主要障碍因素，划分并确定中低产田类型。

9. 耕地质量评价　用综合污染指数法评价耕地土壤环境质量。

第三节　野外调查及质量控制

一、调查方法

野外调查的重点是对取样点的立地条件、土壤属性、农田基础设施条件、农户栽培管理成本、收益及污染等情况全面了解、掌握。

1. 室内确定采样位置　技术指导组根据要求，在1∶10 000评价单元图上确定各类型采样点的采样位置，并在图上标注。

2. 培训野外调查人员　抽调技术素质高、责任心强的农业技术人员，尽可能抽调第二次土壤普查人员，经过为期3天的专业培训和野外实习，组成6支野外调查队，共30余人参加野外调查。

3. 根据《规程》和《规范》的要求，严格取样　各野外调查支队根据图标位置，在了解农户农业生产情况基础上，确定具有代表性田块和农户，用GPS定位仪进行定位，依据田块准确方位修正点位图上的点位位置。

4. 按照《规程》、省级实施方案要求规定和《规范》规定，填写调查表格，并将采集的样品统一编号，带回室内化验。

二、调查内容

1. 基本情况调查项目

（1）采样地点和地块：地址名称采用民政部门认可的正式名称。地块采用当地的通俗名称。

（2）经纬度及海拔高度：由GPS定位仪进行测定。

（3）地形地貌：以形态特征划分为三大地貌类型，即土石山地区、黄土丘陵区、河谷川地区。

（4）地形部位：指中小地貌单元，主要包括河谷阶地、沟坪地、梁地、峁地、沟壑、塔地、坝地。

（5）坡度：一般分为≤2.0°、2.1°～5.0°、5.1°～8.0°、8.1°～15.0°、15.1°～25.0°、≥25.0°。

（6）侵蚀情况：按侵蚀种类和侵蚀程度记载，根据土壤侵蚀类型可划分为水蚀、风蚀、重力侵蚀、冻融侵蚀、混合侵蚀等，侵蚀程度通常分为无明显、轻度、中度、重度、强度、极强度6级。

（7）地下水深度：指地下水深度，分为深位（3～5米）、中位（2～3米）、浅位（≤2米）。

（8）家庭人口及耕地面积：指每个农户实有的人口数量和种植耕地面积（亩）。

2. 土壤性状调查项目

（1）土壤名称：统一按1985年分类系统的连续命名法填写，详细到土种。

（2）土壤质地：国际制；全部样品均需采用手摸测定；质地分为：沙土、沙壤、轻壤、中壤、重壤、黏土6级。室内选取10%的样品采用比重计法（粒度分布仪法）测定。

（3）质地构型：指不同土层之间质地构造变化情况。一般可分为通体壤、通体黏、通体沙、黏夹沙、底沙、壤夹黏、多砾、少砾、夹砾、底砾、少姜、多姜等。

（4）耕层厚度：用铁锹垂直铲下去，用钢卷尺按实际进行测量确定。

（5）有效土层厚度：指土壤层和松散的母质层之和。按其厚度（厘米）深浅从高到低依次分为6级（>150、101～150、76～100、51～75、26～50、<25）。

（6）障碍层次及深度：主要指沙土、黏土、砾石、料姜等所发生的层位、层次及深度。

（7）盐渍化程度：按盐碱类型划分为苏打盐化、硫酸盐盐化、氯化物盐化、混合盐化等。以全盐量的高低来衡量，分为无、重度、中度、轻度4种情况。

（8）土壤母质：按成因类型分为残积物、坡积物、河流冲积物、洪积物、淤积物、黄土、黄土状、黑垆土、风积物、堆垫等类型。

3. 农田设施调查项目

（1）地面平整度：按大范围地面坡度分为平整（<2°）、基本平整（2°～5°）、不平整（>5°）。

（2）园田化水平：分为地面平坦、园田化水平高，地面基本平坦、园田化水平较高，高水平梯田，缓坡梯田、熟化程度5年以上，新修梯田，坡耕地6种类型。

（3）灌溉保证率：分为充分满足、基本满足、一般满足、无灌溉条件4种情况或按灌溉保证率（%）计。

（4）排涝能力：分为强、中、弱3级。

4. 生产性能与管理情况调查项目

（1）种植（轮作）制度：分为一年一熟、一年两熟、两年三熟等。

（2）作物（蔬菜）种类与产量：指调查地块上年度主要种植作物及其平均产量。

（3）耕翻方式及深度：指翻耕、旋耕、耙地、耱地、中耕等。

（4）秸秆还田情况：分翻压还田、覆盖还田等。

（5）设施类型棚龄或种菜年限：分为薄膜覆盖、塑料拱棚、温室等，棚龄以正式投产算起。

（6）上年度灌溉情况：包括灌溉方式、灌溉次数、年灌水量、水源类型、灌溉费用等。

（7）年度施肥情况：包括有机肥、氮肥、磷肥、钾肥、复合（混）肥、微肥、叶面肥、微生物肥及其他肥料施用情况，有机肥要注明类型，化肥指纯养分。

（8）上年度生产成本：包括化肥、有机肥、农药、农膜、种子（种苗）、机械人工及其他。

（9）上年度农药使用情况：农药使用次数、品种、数量。

（10）产品销售及收入情况。

（11）作物品种及种子来源。

（12）蔬菜效益：指当年纯收益。

三、采样数量

在五寨县 74.46 万亩耕地上，共采集大田土壤样品 5 600 个。

四、采样控制

野外调查采样是此次调查评价的关键。既要考虑采样代表性、均匀性，也要考虑采样的典型性。根据五寨县的区划划分特征，分别在土石山区、黄土丘陵区、高山区、丘涧坪地和沟谷川地区及不同作物类型、不同地力水平的农田严格按照《规程》和《规范》要求均匀布点，并按图标布点实地核查后进行定点采样。在工矿企业周边农田质量调查方面，重点对使用工业对农田以及大气污染较重的煤矿、水泥厂等附近农田进行采样。整个采样过程严肃认真，达到了《规程》要求，保证了调查采样质量。

第四节　样品分析及质量控制

一、分析项目及方法

（一）物理性状

土壤容重：采用环刀法测定。

（二）化学性状

1. 土壤样品

（1）pH：采用土液比 1∶2.5，电位法测定。

（2）有机质：采用油浴加热重铬酸钾氧化容量法测定。

（3）全磷：采用氢氧化钠熔融——钼锑抗比色法测定。

（4）有效磷：采用碳酸氢钠或氟化铵——盐酸浸提—钼锑抗比色法测定。

（5）全钾：采用氢氧化钠熔融——火焰光度计或原子吸收分光光度计法测定。

（6）速效钾：采用乙酸铵浸提——火焰光度计或原子吸收分光光度计法测定。

（7）全氮：采用凯氏蒸馏法测定。

（8）碱解氮：采用碱解扩散法测定。

（9）缓效钾：采用硝酸提取——火焰光度法测定。

（10）有效铜、锌、铁、锰：采用 DPTA 提取——原子吸收光谱法测定。

（11）有效钼：采用草酸——草酸铵浸提——极谱法测定。

（12）水溶性硼：采用沸水浸提——甲亚铵—H 比色法或姜黄素比色法测定。

（13）有效硫：采用磷酸盐—乙酸或氯化钙浸提——硫酸钡比浊法测定。

（14）有效硅：采用柠檬酸浸提——硅钼蓝色比色法测定。

（15）交换性钙和镁：采用乙酸铵提取——原子吸收光谱法测定。

（16）阳离子交换量：采用 EDTA—乙酸铵盐交换法测定。

2. 土壤污染样品

（1）pH：采用玻璃电极法。

（2）铅、镉：采用石墨炉原子吸收分光光度法（GB/T 17141—1997）。

（3）总汞：采用冷原子吸收光谱法（GB/T 17136—1997）。

（4）总砷：采用二乙基二硫化氨基甲酸银分光光度法（GB/T 17134—1997）。

（5）总铬：采用火焰原子吸收分光光度法（GB/T 17137—1997）。

（6）铜、锌：采用火焰原子吸收分光光度法（GB/ T17138—1997）。

（7）镍、采用火焰原子吸收分光光度法（GB/T 17139—1997）。

（8）六六六、滴滴涕：采用气相色谱法（GB/T 14550—2003）。

二、分析测试质量控制

分析测试质量主要包括野外调查取样后样品风干、处理与实验室分析化验质量，其质量的控制是调查评价的关键。

（一）样品风干及处理

常规样品如大田样品、果园土壤样品，及时放置在干燥、通风、卫生、无污染的室内风干，风干后送化验室处理。

将风干后的样品平铺在制样板上，用木棍或塑料棍碾压，并将植物残体、石块等侵入体和新生体剔除干净。细小已断的植物须根，可采用静电吸附的方法清除。压碎的土样用2毫米孔径筛过筛，未通过的土粒重新碾压，直至全部样品通过2毫米孔径筛为止。通过2毫米孔径筛的土样可供pH、盐分、交换性能及有效养分等项目的测定。

将通过2毫米孔径筛的土样用四分法取出一部分继续碾磨，使之全部通过0.25毫米孔径筛，供有机质、全氮、碳酸钙等项目的测定。

用于微量元素分析的土样，其处理方法同一般化学分析样品，但在采样、风干、研磨、过筛、运输、储存等诸环节都要特别注意，不要接触容易造成样品污染的铁、铜等金属器具。采样、制样推荐使用不锈钢、木、竹或塑料工具，过筛使用尼龙网筛等。通过2毫米孔径尼龙筛的样品可用于测定土壤有效态微量元素。

将风干土样反复碾压，用2毫米孔径筛过筛。留在筛上的碎石称量后保存，同时将过筛的土壤称重，计算石砾质量百分数。将通过2毫米孔径筛的土样混匀后盛于广口瓶内，用于颗粒分析及其他物理性质测定。若风干土样中有铁锰结核、石灰结核、石子或半风化体，不能用木棍碾碎，应首先将其细心检出称量保存，然后再进行碾碎。

（二）实验室质量控制

1. 在测试前采取的主要措施

（1）按《规程》要求制订了周密的采样方案，尽量减少采样误差（把采样作为分析检验的一部分）。

（2）正式开始分析前，对检验人员进行了为期2周的培训：对监测项目、监测方式、操作要点、注意事项等进行培训，并进行了质量考核，为监验人员掌握了解项目分析技术、提高业务水平、减少误差等奠定了基础。

（3）收样登记制度：制定了收样登记制度，将收样时间、制样时间、处理方法与时间、分析时间逐项登记，并在收样时确定样品统一编码、野外编码及标签等，从而确保了样品的真实性和整个过程的完整性。

（4）测试方法确认（尤其是同一项目有几种检测方法时）：根据实验室现有条件、要求规定及分析人员掌握情况等确定最终采取的分析方法。

（5）测试环境确认：为减少系统误差，对实验室温湿度、试剂、用水、器皿等逐项检验，保证其符合测试条件。对有些相互干扰的项目分开实验室进行分析。

（6）检测用仪器设备及时进行计量检定，定期进行运行状况检查。

2. 在检测中采取的主要措施

（1）仪器使用实行登记制度，并及时对仪器设备进行检查维修和调整。

（2）严格执行项目分析标准或规程，确保测试结果准确性。

（3）坚持平行试验、必要的重显性试验，控制精密度，减少随机误差。

每个项目开始分析时每批样品均须做100％平行样品，结果稳定后，平行次数减少50％，最少保证做10％～15％平行样品。每个化验人员都自行编入明码样做平行测定，质控员还编入10％密码样进行质量按制。

平行双样测定结果的误差在允许的范围之内为合格；平行双样测定全部不合格者，该批样品须重新测定；平行双样测定合格率＜95％时，除对不合格的重新测定外，再增加10％～20％的平行测定率，直到总合格率达到95％以上。

（4）坚持带质控样进行测定：

①与标准样对照。分析中，每批次带标准样品10％～20％，以测定的精密度合格的前提下，标准样测定值在标准保证值（95％的置信水平）范围的为合格，否则本批结果无效，进行重新分析测定。

②加标回收法。对灌溉水样由于无标准物质或质控样品，采用加标回收试验来测定准确度。

加标率，在每批样品中，随机抽取10％～20％的试样进行加标回收测定。

加标量，被测组分的总量不得超出方法的测定上限。加标浓度宜高，体积应小，不应超过原定试样体积的1％。

加标回收率在90％～110％的为合格。

$$\text{加标回收率（\%）}=\frac{\text{测得总量}-\text{样品含量}}{\text{标准加入量}}\times 100$$

根据回收率大小，也可判断是否存在系统误差。

（5）注重空白试验：全程空白值是指用某一方法测定某物质时，除样品中不含该物质外，整个分析过程中引起的信号值或相应浓度值。它包含了试剂、蒸馏水中杂质带来的干扰，从待测试样的测定值中扣除，可消除上述因素带来的系统误差。如果空白值过高，则要找出原因，采取其他措施（如提纯试剂、更新试剂、更换容器等）加以消除。保证每批次样品做两个以上空白样，并在整个项目开始前按要求做全程序空白测定，每次做两个平行空白样，连测5天共得10个测定结果，计算批内标准偏差 S_{wb}。

$$S_{wb}=\left[\sum(X_i-X_{\text{平}})^2/m(n-1)\right]^{1/2}$$

式中：n ——每天测定平均样个数；

m ——测定天数。

(6) 做好校准曲线：比色分析中标准系列保证设置 6 个以上浓度点。根据浓度和吸光值按一元线性回归方程计算其相关系数。

$$Y = a + bX$$

式中：Y ——吸光度；

X ——待测液浓度；

a ——截距；

b ——斜率。

要求标准曲线相关系数 r≥0.999。

校准曲线控制：①每批样品皆需做校准曲线；②标准曲线力求 r≥0.999，且有良好重现性；③大批量分析时每测 10～20 个样品要用同一标准液校验，检查仪器状况；④待测液浓度超标时不能任意外推。

(7) 用标准物质校核实验室的标准滴定溶液：标准物质的作用是校准。对测量过程中使用的基准纯、优级纯的试剂进行校验。校准合格才准用，确保量值准确。

(8) 详细、如实记录测试过程，使检测条件可再现、检测数据可追溯：对测量过程中出现的异常情况也及时记录，及时查找原因。

(9) 认真填写测试原始记录，测试记录做到：如实、准确、完整、清晰。记录的填写、更改均制定了相应制度和程序。当测试由一人读数一人记录时，记录人员复读多次所记的数字，减少误差发生。

3. 检测后主要采取的技术措施

(1) 加强原始记录校核、审核，实行“三审三校”制度，对发现的问题及时研究、解决，或召开质量分析会，达成共识。

(2) 运用质量控制图预防质量事故发生：对运用均值—极差控制图的判断，参照《质量专业理论与实践》中的判断标准。对控制样品进行多次重复测定，由所得结果计算出控制样的平均值 X 及标准差 S（或极差 R），就可绘制均值—标准差控制图（或均值—极差控制图），纵坐标为测定值，横坐标为获得数据的顺序。将均值 X 作成与横坐标平行的中心级 CL，$X \pm 3S$ 为上下控制限 UCL 及 LCL，$X \pm 2S$ 为上下警戒限 UWL 及 LWL，在进行试样列行分析时，每批带入控制样，根据差异判异准则进行判断。如果在控制限之外，该批结果为全部错误结果，则必须查出原因，采样措施，加以消除，除“回控”后再重复测定，并控制不再出现。如果控制样的结果落在控制限和警戒限之间，说明精密度已不理想，应引起注意。

(3) 控制检出限：检出限是指对某一特定的分析方法在给定的置信水平内，可以从样品中检测的待测物质的最小浓度或最小量。根据空白测定的批内标准偏差（S_{wb}）按下列公式计算检出限（95%的置信水平）。

①若试样一次测定值与零浓度试样一次测定值有显著性差异时，检出限（L）按下列公式计算：

$$L = 2 \times 2^{1/2} t_f S_{wb}$$

式中：t_f ——显著水平为 0.05（单测）、自由度为 f 的 t 值；

S_{wb}——批内空白值标准偏差；

f ——批内自由度，$f=m$（$n-1$），m 为重复测定数，n 为平行测定次数。

②原子吸收分析方法中检出限计算：$L=3S_{wb}$。

③分光光度法以扣除空白值后的吸光值为 0.010 相对应的浓度值为检出限。

（4）及时对异常情况处理。

①异常值的取舍。对检测数据中的异常值，按 GB 4883 标准规定采用 Grubbs 法或 Dixon 法加以判断处理。

②因外界干扰（如停电、停水），检测人员应终止检测，待排除干扰后重新检测，并记录干扰情况。当仪器出现故障时，故障排除后校准合格的，方可重新检测。

（5）使用计算机采集、处理、运算、记录、报告存储检测数据时，应制定相应的控制程序。

（6）检验报告的编制、审核、签发：检验报告是实验工作的最终结果，是试验室的产品，因此对检验报告质量要高度重视。检验报告应做到完整、准确、清晰、结论正确。必须坚持三级审核制度，明确制表、审核、签发的职责。

除此之外，为保证分析化验质量，提高实验室之间分析结果的可比性，山西省土壤肥料工作站抽查5%～10%样品在省测试中心进行复核，并编制密码样，对实验室进行质量监督和控制。

4. 技术交流　在分析过程中，发现问题及时交流，改进方法，不断提高技术水平。

5. 数据录入　分析数据按规程和方案要求审核后编码整理，和采样点一一对照，确认无误后进行录入。采取双人录入相互对照的方法，保证录入的正确率。

第五节　评价依据、方法及评价标准体系的建立

一、评价原则依据

（一）耕地地力评价

经专家评议，五寨县确定了 11 个因子为耕地地力评价指标。

1. 立地条件　指耕地土壤的自然环境条件，它包含了与耕地质量直接相关的地貌类型及地形部位、成土母质、地面坡度等。

（1）地貌类型：五寨县的主要地形地貌以形态特征划分为三大类型，土石山地区、黄土丘陵区、河谷川地区。山地包括中高山区、低山区；丘陵区包括梁地、坡地、峁地、塔地、沟坝地、沟坪地等；河谷川地区包括河滩地、河谷级阶地、丘间洼地、扇前洼地、洪积扇等。

（2）成土母质及其主要分布：在五寨县耕地上分布的母质类型按成因类型分残积物、坡积物、河流冲积物、洪积物、淤积物、黄土、黄土状、红黄土、黑垆土、风积物、堆垫等类型。

（3）地面坡度：地面坡度反映水土流失程度，直接影响耕地地力，五寨县将地面坡度

小于25°的耕地依坡度大小分为6级（≤2.0°、2.1°～5.0°、5.1°～8.0°、8.1°～15.0°、15.1°～25.0°、≥25.0°）进入地力评价系统。

2. 土壤属性

（1）土体构型：指土壤剖面中不同土层间质地构造变化情况，直接反映土壤发育及障碍层次，影响根系发育、水肥保持及有效供给，包括有效土层厚度、耕作层厚度、质地构型等3个因素。

①耕层厚度。按其厚度（厘米）深浅从高到低依次分为6级（>30、26～30、21～25、16～20、11～15、≤10）进入地力评价系统。

②质地构型。五寨县耕地质地构型主要分为通体型（包括通体壤、通体黏、通体沙）、夹沙（包括壤夹沙、黏夹沙）、底沙、夹黏（包括壤夹黏、沙夹黏）、深黏、夹砾、底砾、通体少砾、通体多砾、通体少姜、浅姜、通体多姜等。

（2）耕层土壤理化性状：分为较稳定的理化性状（容重、质地、有机质、盐渍化程度、pH）和易变化的化学性状（有效磷、速效钾）两大部分。

①质地。影响水肥保持及耕作性能。按卡庆斯基制的6级划分体系来描述，分别为沙土、沙壤、轻壤、中壤、重壤、黏土。

②有机质。土壤肥力的重要指标，直接影响耕地地力水平。按其含量（克/千克）从高到低依次分为6级（>25.00、20.01～25.00、15.01～20.00、10.01～15.00、5.01～10.00、≤5.00）进入地力评价系统。

③pH。过大或过小，作物生长发育受抑。按照五寨县耕地土壤的pH范围，按其测定值由低到高依次分为6级（6.0～7.0、7.0～7.9、7.9～8.5、8.5～9.0、9.0～9.5、≥9.5）进入地力评价系统。

④有效磷。按其含量（毫克/千克）从高到低依次分为6级（>25.00、20.1～25.00、15.1～20.00、10.1～15.00、5.1～10.00、≤5.00）进入地力评价系统。

⑤速效钾。按其含量（毫克/千克）从高到低依次分为6级（>200、151～200、101～150、81～100、51～80、≤50）进入地力评价系统。

3. 农田基础设施条件

（1）灌溉保证率：指降水不足时的有效补充程度，是提高作物产量的有效途径，分为充分满足，可随时灌溉；基本满足，在关键时期可保证灌溉；一般满足，大旱之年不能保证灌溉；无灌溉条件4种情况。

（2）园（梯）田化水平：按园田化和梯田类型及其熟化程度分为地面平坦、园田化水平高，地面基本平坦、园田化水平较高，高水平梯田，缓坡梯田、熟化程度5年以上，新修梯田，坡耕地6种类型。

（二）大田土壤环境质量评价

此次大田环境质量评价涉及土壤和灌溉水两个环境要素。

参评因子共有8个，分别为土壤pH、镉、汞、砷、铜、铅、铬、锌。评价标准采用土壤环境质量国家标准（GB 15618—1995）中的二级标准，评价结果遵循“单因子最大污染”的原则，通过对单因子污染指数和多因子综合污染指数进行综合评判，将污染程度分为清洁（n）、轻度污染（l）、中度污染（m）、重度污染（h）4个等级。

二、耕地地力评价方法及流程

1. 技术方法

（1）文字评述法：对一些概念性的评价因子（如地形部位、土壤母质、质地构型、质地、园田化水平、盐渍化程度等）进行定性描述。

（2）专家经验法（德尔菲法）：在全省农科教系统邀请土肥界具有一定学术水平和农业生产实践经验的34名专家，参与评价因素的筛选和隶属度确定（包括概念型和数值型评价因子的评分），见表2-1。

表2-1　评价因素的筛选和隶属度

因子	平均值	众数值	建议值
立地条件（C_1）	1.60	1（17）	1
土体构型（C_2）	3.70	3（15）5（13）	3
较稳定的理化性状（C_3）	4.47	3（13）5（10）	4
易变化的化学性状（C_4）	4.20	5（13）3（11）	5
农田基础建设（C_5）	1.47	1（17）	1
地形部位（A_1）	1.80	1（23）	1
成土母质（A_2）	3.90	3（9）5（12）	5
地面坡度（A_3）	3.10	3（14）5（7）	3
耕层厚度（A_5）	2.70	3（17）1（10）	3
剖面构型（A_6）	2.80	1（12）3（11）	1
耕层质地（A_7）	2.90	1（13）5（11）	1
有机质（A_9）	2.70	1（14）3（11）	3
pH（A_{11}）	4.50	3（10）7（10）	5
有效磷（A_{12}）	1.00	1（31）	1
速效钾（A_{13}）	2.70	3（16）1（10）	3
梯（园）田化水平（A_{15}）	4.50	5（15）7（7）	5

（3）模糊综合评判法：应用这种数理统计的方法对数值型评价因子（如地面坡度、有效土层厚度、耕层厚度、土壤容重、有机质、有效磷、速效钾、酸碱度、灌溉保证率等）进行定量描述，即利用专家给出的评分（隶属度）建立某一评价因子的隶属函数，见表2-2。

表2-2　五寨县耕地地力评价数字型因子分级及其隶属度

评价因子	量纲	1级 量值	2级 量值	3级 量值	4级 量值	5级 量值	6级 量值
地面坡度	(°)	<2.0	2.0～5.0	5.1～8.0	8.1～15.0	51.1～25.0	≥25
耕层厚度	厘米	>30	26～30	21～25	16～20	11～15	≤10
有机质	克/立方厘米	>25.0	20.01～25.00	15.01～20.00	10.01～15.00	5.01～10.00	≤5.00

（续）

评价因子	量纲	1级 量值	2级 量值	3级 量值	4级 量值	5级 量值	6级 量值
有效磷	克/千克	>25.0	20.1～25.0	15.1～20.0	10.1～15.0	5.1～10.0	≤5.0
速效钾	毫克/千克	>200	151～200	101～150	81～100	51～80	≤5.0

（4）层次分析法：用于计算各参评因子的组合权重。本次评价，把耕地生产性能（即耕地地力）作为目标层（G层），把影响耕地生产性能的立地条件、土体构型、较稳定的理化性状、易变化的化学性状、农田基础设施条件作为准则层（C层），再把影响准则层中的各因素的项目作为指标层（A层），建立耕地地力评价层次结构图。在此基础上，由34名专家分别对不同层次内各参评因素的重要性做出判断，构造出不同层次间的判断矩阵。最后计算出各评价因子的组合权重。

（5）指数和法：采用加权法计算耕地地力综合指数，即将各评价因子的组合权重与相应的因素等级分值（即由专家经验法或模糊综合评价法求得的隶属度）相乘后累加，如：

$$IFI = \sum B_i \cdot A_i (i = 1,2,3,\cdots,12)$$

式中：IFI——耕地地力综合指数；

B_i——第 i 个评价因子的等级分值；

A_i——第 i 个评价因子的组合权重。

2. 技术流程

（1）应用叠加法确定评价单元：把基本农田保护区规划图与土地利用现状图、土壤图叠加形成的图斑作为评价单元。

（2）空间数据与属性数据的连接：用评价单元图分别与各个专题图叠加，为第一评价单元获取相应的属性数据。根据调查结果，提取属性数据进行补充。

（3）确定评价指标：根据全国耕地地力调查评价指数表，由山西省土壤肥料工作站组织34名专家，采用德尔菲法和模糊综合评判法确定五寨县耕地地力评价因子及其隶属度。

（4）数据标准化：计算各评价因子的隶属函数，对各评价因子的隶属度数值进行标准化。

（5）应用累加法计算每个评价单元的耕地地力综合指数。

（6）划分地力等级：分析综合地力指数分布，确定耕地地力综合指数的分级方案，划分地力等级。

（7）归入农业部地力等级体系：选择10%的评价单元，调查近3年粮食单产（或用基础地理信息系统中已有资料），与以粮食作物产量为引导确定的耕地基础地力等级进行相关分析，找出两者之间的对应关系，将评价的地力等级归入农业部确定的等级体系（NY/T 309—1996　全国耕地类型区、耕地地力等级划分）。

（8）采用GIS、GPS系统编绘各种养分图和地力等级图等图件。

三、耕地地力评价标准体系建立

1. 耕地地力要素的层次结构　耕地地力要素的层次结构见图2-2。

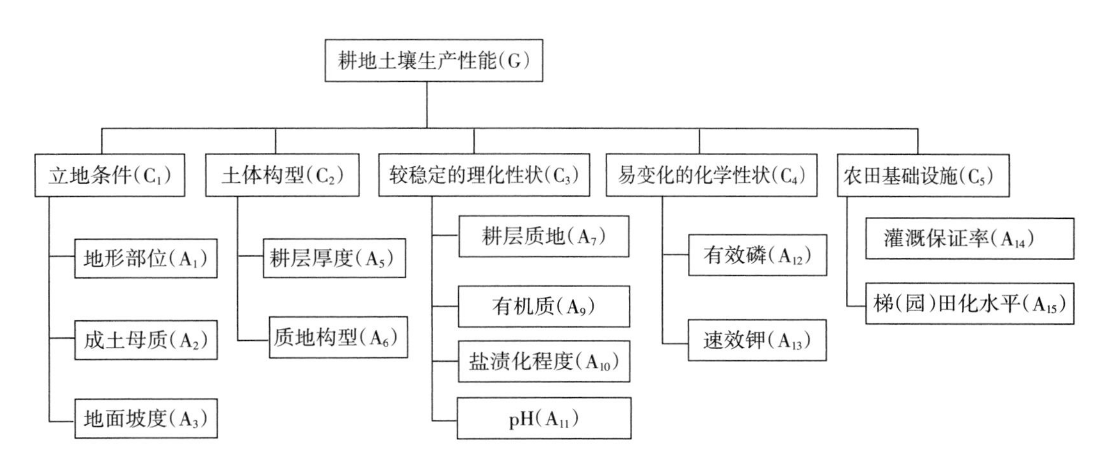

图 2-2　耕地地力要素层次结构

2. 耕地地力要素的隶属度

（1）概念性评价因子：各评价因子的隶属度及其描述见表 2-3。

（2）数值型评价因子：各评价因子的隶属函数（经验公式）见表 2-4。

3. 耕地地力要素的组合权重　应用层次分析法所计算的各评价因子的组合权重见表 2-5。

表 2-3　五寨县耕地地力评价概念性因子隶属度及其描述

地形部位	描述	河漫滩	一级阶地	二级阶地	高阶地	垣地	洪积扇（上、中、下）			梁地	峁地	坡麓	沟谷				
	隶属度	0.7	1.0	0.9	0.7	0.4	0.4	0.6	0.8	0.2	0.2	0.1	0.6				
母质类型	描述	洪积物	河流冲积物	黄土状冲积物	残积物	马兰黄土	离石黄土										
	隶属度	0.7	0.9	1.0	0.2	0.5	0.6										
质地构型	描述	通体壤	黏体沙	底沙	壤夹沙	壤夹黏	沙夹黏	通体黏	夹砾	底砾	少砾	多砾	少姜	浅姜	多姜	通体沙	浅钙积
	隶属度	1.0	0.6	0.7	0.9	1.0	0.3	0.6	0.4	0.7	0.8	0.2	0.8	0.4	0.2	0.3	0.4
耕层质地	描述	沙土	沙壤	轻壤	中壤	重壤	黏土										
	隶属度	0.2	0.6	0.8	1.0	0.8	0.4										
梯（园）田化水平	描述	地面平坦园田化水平高	地面基本平坦园田化水平较高	高水平梯田	缓坡梯田熟化程度5年以上	新修梯田	坡耕地										
	隶属度	1.0	0.8	0.6	0.4	0.2	0.1										

4. 耕地地力分级标准　五寨县耕地地力分级标准见表 2-6。

表 2-4　五寨县耕地地力评价数值型因子隶属函数

函数类型	评价因子	经验公式	C	U_t
戒下型	地面坡度（°）	$y=1/[1+6.492\times10^{-3}\times(u-c)^2]$	3.0	≥25
戒上型	耕层厚度（厘米）	$y=1/[1+4.057\times10^{-3}\times(u-c)^2]$	33.8	≤10

（续）

函数类型	评价因子	经验公式	C	U_t
戒上型	有机质（克/千克）	$y=1/[1+2.912\times10^{-3}\times(u-c)^2]$	28.4	≤5.00
戒上型	有效磷（毫克/千克）	$y=1/[1+3.035\times10^{-3}\times(u-c)^2]$	28.85	≤5.00
戒上型	速效钾（毫克/千克）	$y=1/[1+5.389\times10^{-5}\times(u-c)^2]$	228.76	≤50

表 2-5　五寨县耕地地力评价因子层次分析结果

指标层	准则层					组合权重
	C_1	C_2	C_3	C_4	C_5	$\sum C_i A_i$
	0.417 5	0.146 7	0.189 3	0.134 5	0.112 0	1.000 0
A_1地形部位	0.556 9					0.232 5
A_2成土母质	0.209 7					0.087 5
A_3地面坡度	0.233 4					0.097 5
A_4耕层厚度		0.345 7				0.050 7
A_5质地构型		0.654 3				0.096 0
A_6耕层质地		1.000 0	0.329 1			0.062 3
A_7有机质			0.504 9			0.095 6
A_8pH			0.166 0			0.031 4
A_9有效磷			1.000 0	0.749 7		0.100 8
A_{10}速效钾				0.250 3		0.033 7
A_{11}园田化水平					1.000 0	0.112 0

表 2-6　五寨县耕地地力等级标准

等级	生产能力综合指数	面积（亩）	占面积（%）
一	≥0.72	59 429	7.98
二	0.66～0.72	86 194	11.58
三	0.61～0.66	195 637	26.27
四	0.55～0.61	269 355	36.17
五	0.51～0.55	118 475	15.91
六	0.44～0.51	15 507	2.09

第六节　耕地资源管理信息系统建立

一、耕地资源管理信息系统的总体设计

1. 总体目标　耕地资源信息系统以一个县行政区域内耕地资源为管理对象，应用

GIS技术对辖区内的地形、地貌、土壤、土地利用、农田水利、土壤污染、农业生产基本情况、基本农田保护区等资料进行统一管理，构建耕地资源基础信息系统，并将此数据平台与各类管理模型结合，对辖区内的耕地资源进行系统的动态管理，为农业决策者、农民和农业技术人员提供耕地质量动态变化、土壤适宜性、施肥咨询、作物营养诊断等多方位的信息服务。

本系统行政单元为村，农田单元为耕地地块，土壤单元为土种，系统基本管理单元为土壤、基本农田保护块、土地利用现状叠加所形成的评价单元。

2. 耕地资源管理信息　系统结构见图2-3。

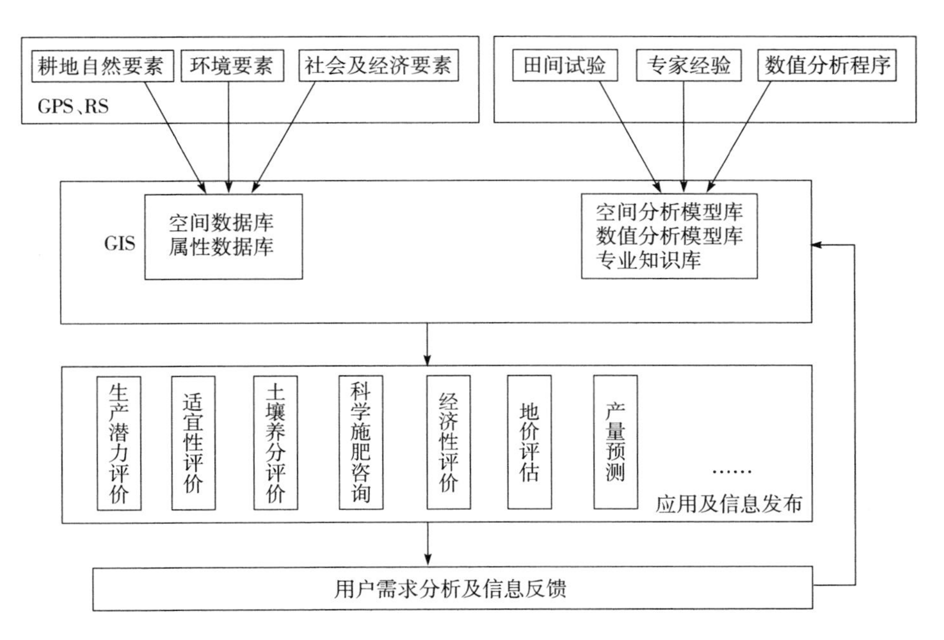

图2-3　耕地资源管理信息系统结构

3. 县域耕地资源管理信息系统建立工作流程　县域耕地资源管理信息系统建立工作流程如图2-4所示。

4. CLRMIS配置

（1）硬件：Intel双核平台兼容机，不少于2G的内存，不少于250GB的硬盘，不少于512M的显存，A4扫描仪，彩色喷墨打印机。

（2）软件：WindowsXP，Excel2003等。

二、资料收集与整理

1. 图件资料收集与整理　图件资料指印刷的各类地图、专题图以及商品数字化矢量和栅格图。图件比例尺为1∶50 000和1∶10 000。

（1）地形图：统一采用中国人民解放军总参谋部测绘局测绘的地形图。由于近年来公路、水系、地形地貌等变化较大，因此采用水利、公路、规划、国土等部门的有关最新图件资料对地形图进行修正。

（2）行政区划图：由于近年撤乡并镇等工作致使部分地区行政区划变化较大，因此按最新行政区划进行修正，同时注意名称、拼音、编码等的一致。

（3）土壤图及土壤养分图：采用第二次土壤普查成果图。

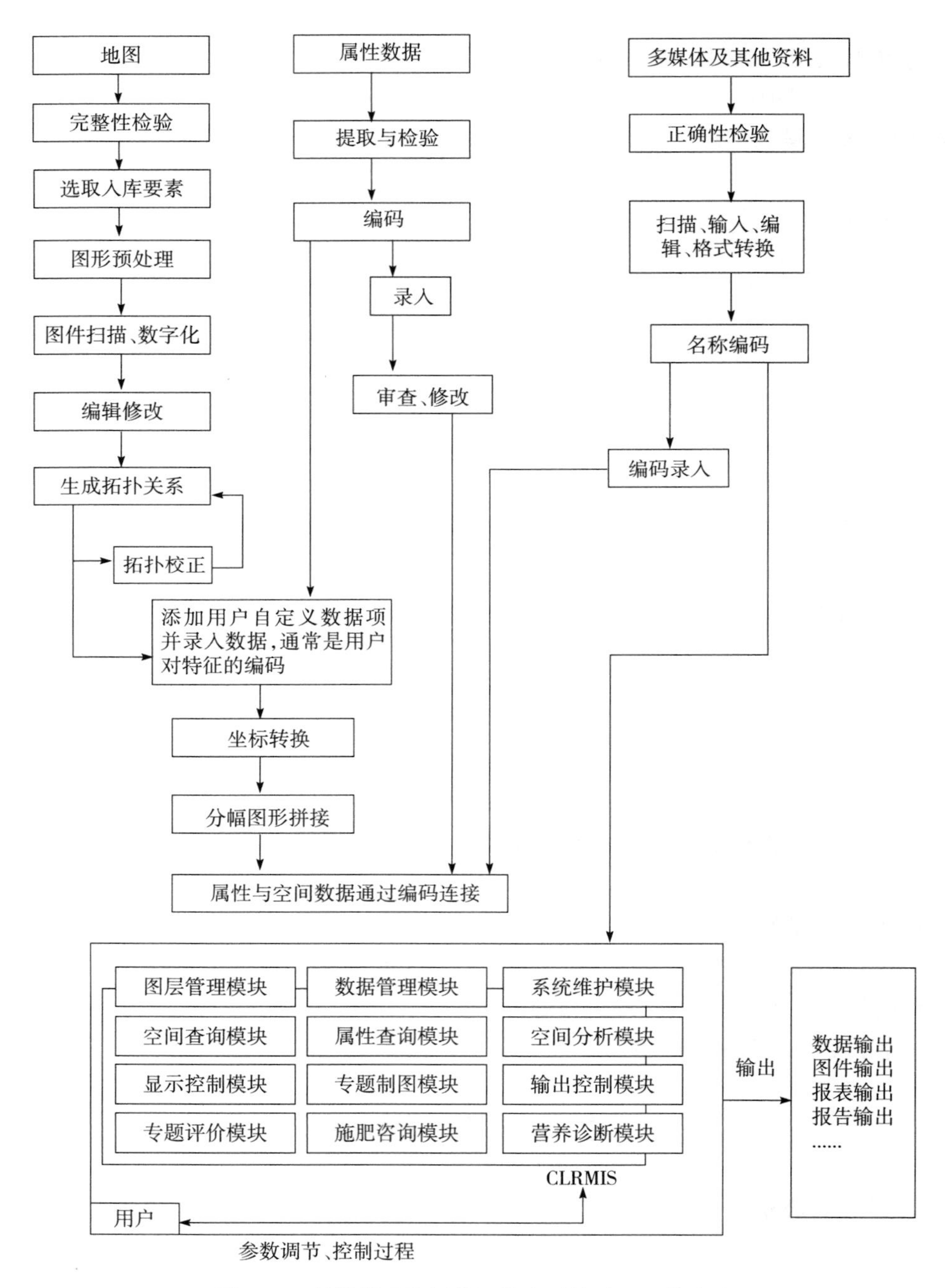

图 2-4　县域耕地资源管理信息系统建立工作流程

（4）地貌类型分区图：根据地貌类型将辖区内农田分区，采用第二次土壤普查分类系统绘制成图。

（5）土地利用现状图：现有的土地利用现状图。

（6）主要污染源点位图：调查本地可能对水体、大气、土壤形成污染的矿区、工厂等，并确定污染类型及污染强度，在地形图上标明准确位置及编号。

（7）土壤肥力监测点点位图：在地形图上标明准确位置及编号。

（8）土壤普查土壤采样点点位图：在地形图上标明准确位置及编号。

2. 数据资料收集与整理

（1）近几年粮食单产、总产、种植面积统计资料（以村为单位）。

（2）其他农村及农业生产基本情况资料。

（3）历年土壤肥力监测点田间记载及化验结果资料。

（4）历年肥情点资料。

（5）县、乡、村名编码表。

（6）近几年土壤、植株化验资料（土壤普查、肥力普查等）。

（7）近几年主要粮食作物、主要品种产量构成资料。

（8）各乡历年化肥销售、使用情况。

（9）土壤志、土种志。

（10）特色农产品分布、数量资料。

（11）主要污染源调查情况统计表（地名、污染类型、方式、强度等）。

（12）当地农作物品种及特性资料，包括各个品种的全生育期、大田生产潜力、最佳播种期、移栽期、播种量、栽插密度、百千克籽粒需氮量、需磷量、需钾量等，及品种特性介绍。

（13）一元、二元、三元肥料肥效试验资料，计算不同地区、不同土壤、不同作物品种的肥料效应函数。

（14）不同土壤、不同作物基础地力产量占常规产量比例资料。

3. 文本资料收集与整理

（1）五寨县及各乡（镇）基本情况描述。

（2）各土种性状描述，包括其发生、发育、分布、生产性能、障碍因素等。

4. 多媒体资料收集与整理

（1）土壤典型剖面照片。

（2）土壤肥力监测点景观照片。

（3）当地典型景观照片。

（4）特色农产品介绍（文字、图片）。

（5）地方介绍资料（图片、录像、文字、音乐）。

三、属性数据库建立

（一）属性数据内容

CLRMIS 主要属性资料及其来源见表 2－7。

表 2-7　CLRMIS 主要属性资料及其来源

编号	名　　称	来　源
1	湖泊、面状河流属性表	水利局
2	堤坝、渠道、线状河流属性数据	水利局
3	交通道路属性数据	交通局
4	行政界线属性数据	农业局
5	耕地及蔬菜地灌溉水、回水分析结果数据	农业局
6	土地利用现状属性数据	国土局、卫星图片解译
7	土壤、植株样品分析化验结果数据表	本次调查资料
8	土壤名称编码表	土壤普查资料
9	土种属性数据表	土壤普查资料
10	基本农田保护块属性数据表	国土局
11	基本农田保护区基本情况数据表	国土局
12	地貌、气候属性表	土壤普查资料
13	县乡村名编码表	统计局

（二）属性数据分类与编码

数据的分类编码是对数据资料进行有效管理的重要依据。编码的主要目的是节省计算机内存空间，便于用户理解使用。地理属性进入数据库之前进行编码是必要的，只有进行了正确的编码，空间数据库与属性数据库才能实现正确连接。编码格式有英文字母与数字组合。本系统主要采用数字表示的层次型分类编码体系，它能反映专题要素分类体系的基本特征。

（三）建立编码字典

数据字典是数据库应用设计的重要内容，是描述数据库中各类数据及其组合的数据集合，也称元数据。地理数据库的数据字典主要用于描述属性数据，其本身是一个特殊用途的文件，在数据库整个生命周期里都起着重要的作用。它避免重复数据项的出现，并提供了查询数据的唯一入口。

（四）数据库结构设计

属性数据库的建立与录入可独立于空间数据库和 GIS 系统，可以在 Access、dBase、Foxbase 和 Foxpro 下建立，最终统一以 dBase 的 dbf 格式保存入库。下面以 dBase 的 dbf 数据库为例进行描述。

1. 湖泊、面状河流属性数据库 lake. dbf

字段名	属性	数据类型	宽度	小数位	量纲
lacode	水系代码	N	4	0	代码
laname	水系名称	C	20		
lacontent	湖泊储水量	N	8	0	万立方米
laflux	河流流量	N	6		立方米/秒

2. 堤坝、渠道、线状河流属性数据 stream. dbf

字段名	属性	数据类型	宽度	小数位	量纲
ricode	水系代码	N	4	0	代码
riname	水系名称	C	20		
riflux	河流、渠道流量	N	6		立方米/秒

3. 交通道路属 性数据库 traffic. dbf

字段名	属性	数据类型	宽度	小数位	量纲
rocode	道路编码	N	4	0	代码
roname	道路名称	C	20		
rograde	道路等级	C	1		
rotype	道路类型	C	1	（黑色/水泥/石子/土）	

4. 行政界线（省、市、县、乡、村）属性数据库 boundary. dbf

字段名	属性	数据类型	宽度	小数位	量纲
adcode	界线编码	N	1	0	代码
adname	界线名称	C	4		

adcode	name
1	国界
2	省界
3	市界
4	县界
5	乡界
6	村界

5. 土地利用现状属性数据库* landuse. dbf

字段名	属性	数据类型	宽度	小数位	量纲
lucode	利用方式编码	N	2	0	代码
luname	利用方式名称	C	10		

* 土地利用现状分类表。

6. 土种属性数据表* soil. dbf

字段名	属性	数据类型	宽度	小数位	量纲
sgcode	土种代码	N	4	0	代码
stname	土类名称	C	10		
ssname	亚类名称	C	20		
skname	土属名称	C	20		
sgname	土种名称	C	20		
pamaterial	成土母质	C	50		
profile	剖面构型	C	50		
土种典型剖面有关属性数据：					
text	剖面照片文件名	C	40		

picture	图片文件名	C	50
html	HTML 文件名	C	50
video	录像文件名	C	40

* 土壤系统分类表。

7. 土壤养分（pH、有机质、氮等）**属性数据库 nutr * * * *. dbf**

本部分由一系列的数据库组成，视实际情况不同有所差异，如在盐碱土地区还包括盐分含量及离子组成等。

（1）pH 库 nutrpH. dbf：

字段名	属性	数据类型	宽度	小数位	量纲
code	分级编码	N	4	0	代码
number	pH	N	4	1	

（2）有机质库 nutrom. dbf：

字段名	属性	数据类型	宽度	小数位	量纲
code	分级编码	N	4	0	代码
number	有机质含量	N	5	2	百分含量

（3）全氮量库 nutrN. dbf：

字段名	属性	数据类型	宽度	小数位	量纲
code	分级编码	N	4	0	代码
number	全氮含量	N	5	3	百分含量

（4）速效养分库 nutrP. dbf：

字段名	属性	数据类型	宽度	小数位	量纲
code	分级编码	N	4	0	代码
number	速效养分含量	N	5	3	毫克/千克

8. 基本农田保护块属性数据库 farmland. dbf

字段名	属性	数据类型	宽度	小数位	量纲
plcode	保护块编码	N	7	0	代码
plarea	保护块面积	N	4	0	亩
cuarea	其中耕地面积	N	6		
eastto	东至	C	20		
westto	西至	C	20		
sourthto	南至	C	20		
northto	北至	C	20		
plperson	保护责任人	C	6		
plgrade	保护级别	N	1		

9. 地貌、气候属性表* landform. dbf

字段名	属性	数据类型	宽度	小数位	量纲
landcode	地貌类型编码	N	2	0	代码
landname	地貌类型名称	C	10		

rain	降水量	C	6		

* 地貌类型编码表。

10. 基本农田保护区基本情况数据表（略）

11. 县、乡、村名编码表

字段名	属性	数据类型	宽度	小数位	量纲
vicodec	单位编码—县内	N	5	0	代码
vicoden	单位编码—统一	C	11		
viname	单位名称	C	20		
vinamee	单位拼音	C	30		

（五）数据录入与审核

数据录入前仔细审核，数值型资料注意量纲、上下限，地名应注意汉字多音字、繁简体、简全称等问题，审核定稿后再录入。录入后仔细检查，保证数据录入无误后，将数据库转为规定的格式（dBase 的 dbf 文件格式文件），再根据数据字典中的文件名编码命名后保存在规定的子目录下。

文字资料以 TXT 格式命名保存，声音、音乐以 WAV 或 MID 文件保存，超文本以 HTML 格式保存，图片以 BMP 或 JPG 格式保存，视频以 AVI 或 MPG 格式保存，动画以 GIF 格式保存。这些文件分别保存在相应的子目录下，其相对路径和文件名录入相应的属性数据库中。

四、空间数据库建立

（一）数据采集的工艺流程

在耕地资源数据库建设中，数据采集的精度直接关系到现状数据库本身的精度和今后的应用，数据采集的工艺流程是关系到耕地资源信息管理系统数据库质量的重要基础工作。因此对数据的采集制定了一个详尽的工艺流程。首先，对收集的资料进行分类检查、整理与预处理；其次，按照图件资料介质的类型进行扫描，并对扫描图件进行扫描校正；再次，进行数据的分层矢量化采集、矢量化数据的检查；最后，对矢量化数据进行坐标投影转换与数据拼接工作以及数据、图形的综合检查和数据的分层与格式转换。

具体数据采集的工艺流程见图 2－5。

（二）图件数字

1. 图件的扫描　由于所收集的图件资料为纸介质的图件资料，所以采用灰度法进行扫描。扫描的精度为 300dpi。扫描完成后将文件保存为 *. TIF 格式。在扫描过程中，为了能够保证扫描图件的清晰度和精度，对图件先进行预见扫描。在预见扫描过程中，检查扫描图件的清晰度，其清晰度必须能够区分图内的各要素，然后利用 Longtex Fss8300 扫描仪自带的 CADimage/scan 扫描软件进行角度校正，角度校正后必须保证图幅下方两个内图廓点的连线与水平线的角度误差小于 0.2°。

2. 数据采集与分层矢量化　对图形的数字化采用交互式矢量化方法，确保图形矢量化的精度，在耕地资源信息系统数据库建设中需要采集的要素有点状要素、线状要素和面

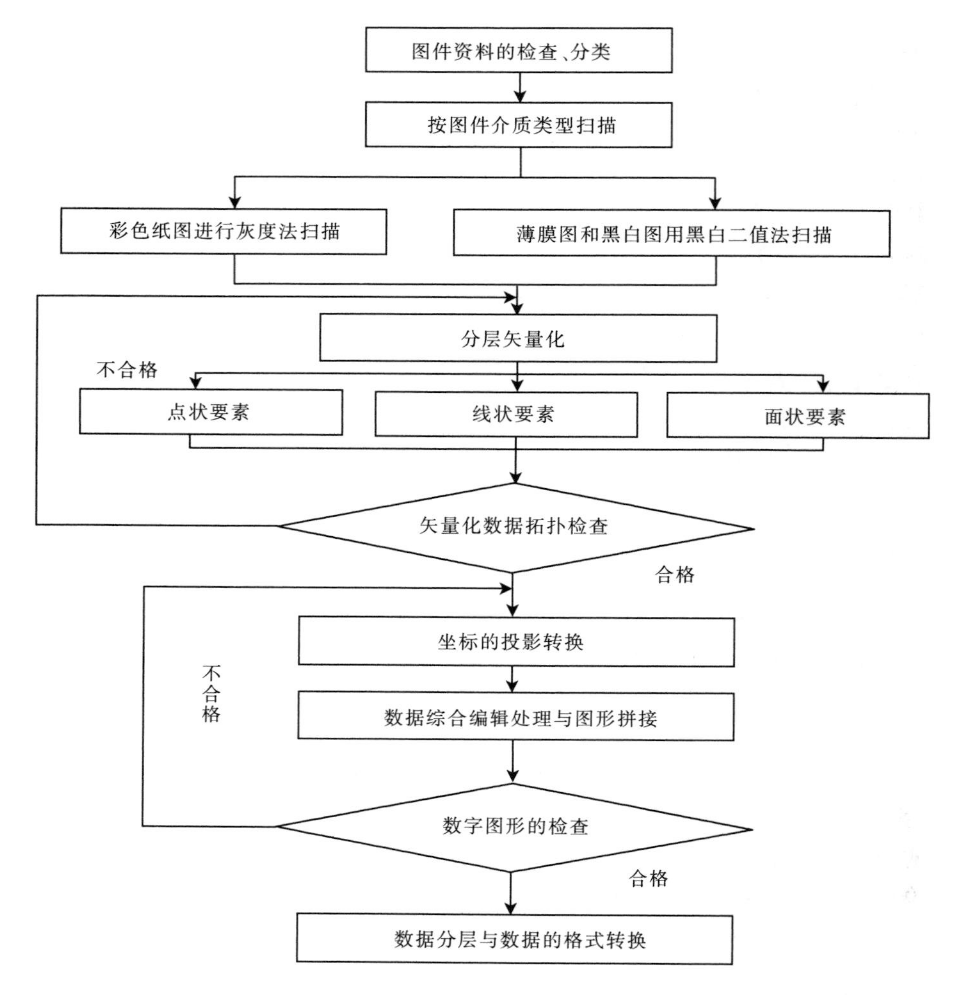

图 2-5　数据采集的工艺流程

状要素。由于所采集的数据种类较多，所以必须对所采集的数据按不同类型进行分层采集。

（1）点状要素的采集：可以分为两种类型，一种是零星地类；另一种是注记点。零星地类包括一些有点位的点状零星地类和无点位的零星地类。对于有点位的零星地类，在数据的分层矢量化采集时，将点标记置于点状要素的几何中心点，对于无点位的零星地类在分层矢量化采集时，将点标记置于原始图件的定位点。农化点位、污染源点位等注记点的采集按照原始图件资料中的注记点，在矢量化过程中一标注相应的位置。

（2）线状要素的采集：在耕地资源图件资料上的线状要素主要有水系、道路、带有宽度的线状地物界、地类界、行政界线、权属界线、土种界、等高线等，对于不同类型的线状要素，进行分层采集。线状地物主要是指道路、水系、沟渠等，线状地物数据采集时考虑到有些线状地物，由于其宽度较宽，如一些较大的河流、沟渠，它们在地图上可以按照图件资料的宽度比例表示为一定的宽度，则按其实际宽度的比例在图上表示；有些线状地物，如一些道路和水系，由于其宽度不能在图上表示，在采集其数据时，则按栅格图上的线状地物的中轴线来确定其在图上的实际位置。对地类界、行政界、土种界和等高线数据的采集，保证其封闭性和连续性。线状要素按照其种类不同分层采集、分层保存，以备数据分析时进行利用。

（3）面状要素的采集：面状要素要在线状要素采集后，通过建立拓扑关系形成区后进行，由于面状要素是由行政界线、权属界线、地类界线和一些带有宽度的线状地物界等面状要素所形成的一系列的闭合性区域，其主要包括行政区、权属区、土壤类型区等图斑。所以对于不同的面状要素，因采用不同的图层对其进行数据的采集。考虑到实际情况，将面状要素分为行政区层、地类层、土壤层等图斑层。将分层采集的数据分层保存。

（三）矢量化数据的拓扑检查

由于在矢量化过程中不可避免地要存在一些问题，因此，在完成图形数据分层矢量化，要进行下一步工作时，必须对分层矢量化以后的数据进行矢量化数据的拓扑检查，主要是完成以下几方面的工作。

1. 消除在矢量化过程中存在的一些悬挂线段　在线状要素的采集过程中，为了保证线段完成闭合，某些线段可能出现互相交叉的情况，这些均属于悬挂线段。在进行悬挂线段的检查时，首先使用MapGIS的线文件拓扑检查功能，自动对其检查和清除。如果其不能够自动清除，则对照原始图件资料进行手工修正。对线状要素进行矢量化数据检查完成以后，随即由作图员对矢量化的数据与原始图件资料相对比进行检查。如果在对检查过程中发现有一些通过拓扑检查所不能解决的问题，矢量化数据的精度不符合精度要求的，或者是某些线状要素存在一定的位移而难以校正的，则对其中的线状要素进行重新矢量化。

2. 检查图斑和行政区等面状要素的闭合性　图斑和行政区是反映一个地区耕地资源状况的重要属性。在对图件资料中的面状要素进行数据的分层矢量化采集中，由于图件资料中所涉及的图斑较多，在数据的矢量化采集过程中，有可能存在着一些图斑或行政界的不闭合情况，可以利用MapGIS的区文件拓扑检查功能，对在面状要素分层矢量化采集过程中所保存的一系列区文件进行矢量化数据的拓扑检查。在拓扑检查过程中可以消除大多数区文件的不闭合情况。对于不能够自动消除的，通过与原始图件资料的相互检查，消除其不闭合情况。如果通过矢量化以后的区文件的拓扑检查，可以消除在矢量化过程中所出现的上述问题，则进行下一步工作，如果在拓扑检查以后还存在一些问题，则对其进行重新矢量化，以确保系统建设的精度。

（四）坐标的投影转换与图件拼接

1. 坐标转换　在进行图件的分层矢量化采集过程中，所建立的图面坐标系（单位为毫米），而在实际应用中，则要求建立平面直角坐标系（单位为米）。因此，必须利用MapGIS所提供的坐标转换功能，将图面坐标转换成为正投影的大地直角坐标系。在坐标转换过程中，为了能够保证数据的精度，可根据提供数据源的图件精度的不同，在坐标转换过程中，采用不同的质量控制方法进行坐标转换工作。

2. 投影转换　县级土地利用现状数据库的数据投影方法采用高斯投影，也就是将进行坐标转换以后的图形资料，按照大地坐标系的经纬度坐标进行转换，以便以后进行图件拼接。在进行投影转换时，对1∶10 000土地利用图件资料，投影的分带宽度为3°。但是根据地形的复杂程度，行政区的跨度和图幅的具体情况，对于部分图形采用非标准的 3°分带高斯投影。

3. 图件拼接 五寨县提供的 1∶10 000 土地利用现状图是采用标准分幅图，在系统建设过程中应把图幅进行拼接，在图斑拼接检查过程中，相邻图幅间的同名要素误差应小于 1 毫米，这时移动其任何一个要素进行拼接，同名要素间距为 1～3 毫米的处理方法是将两个要素各自移动一半，在中间部分结合，这样图幅接拼完全满足了精度要求。

五、空间数据库与属性数据库的连接

MapGIS 系统采用不同的数据模型分别对属性数据和空间数据进行存储管理，属性数据采用关系模型，空间数据采用网状模型。两种数据的连接非常重要。在一个图幅工作单元 Coverage 中，每个图形单元由一个标识码来唯一确定。同时一个 Coverage 中可以若干个关系数据库文件即要素属性表，用以完成对 Coverage 的地理要素的属性描述。图形单元标识码是要素属性表中的一个关键字段，空间数据与属性数据以此字段形成关联，完成对地图的模拟。这种关联是 MapGIS 的两种模型联成一体，可以方便地从空间数据检索属性数据或者从属性数据检索空间数据。

对属性与空间数据的连接采用的方法是：在图件矢量化过程中，标记多边形标识点，建立多边形编码表，并运 MapGIS 将用 Foxpro 建立的属性数据库自动连接到图形单元中，这种方法可由多人同时进行工作，速度较快。

第三章　耕地土壤属性

第一节　耕地土壤类型

一、土壤类型及分布

近年来，由于退耕还林面积扩大，原耕种土壤中的棕壤土类，棕壤性土亚类，麻沙质棕壤性土、灰泥质棕壤性土 2 个土属，耕麻沙质棕土、耕灰泥质棕土 2 个土种已全部退出耕地，本次不再评价。现就栗褐土、黄绵土、风沙土、潮土四大土类，4 个亚类，13 个土种进行评价叙述。各土类分布受地形、地貌、水文、地质条件影响，呈明显变化，具体分布见表 3-1。

表 3-1　五寨县土壤分布状况

土类	面积（亩）	亚类面积（亩）	分布范围
栗褐土	534 529.2	淡栗褐土（534 529.2）	遍布全县海拔 1 200～1 500 米的谷地川区、低山丘陵区
黄绵土	92 597	黄绵土（92 597）	遍布全县 1 200 米以上，阴坡 1 450 米、阳坡 1 500 米以下的广大丘陵梁峁、沟豁，与栗褐土交错分布
风沙土	111 689.9	草原风沙土（111 689.9）	主要分布于县境内黄土丘陵梁峁背风坡海拔 1 400～1 500米
潮土	5 783	盐化潮土（5 783）	集中分布于川谷地区，海拔 1 300 米以内的低洼地带
四大土类总计	744 599		

注：1. 表中分类是按 1985 年分类系统分类。
2. 本部分除注明数据为此次调查测定外，其余数据文字内容均为第二次土壤普查的数据资料。

根据全国第二次土壤普查及 1985 年山西省土壤分类系统，五寨县土壤分为四大土类，11 个亚类，27 个土属，44 个土种。其中，耕种土壤涉及三大土类，5 个亚类，11 个土属，23 个土种。后经地市级、省级汇总修改。最后确定五寨县耕地土壤分类系统为：土类 5 个，亚类 5 个，土种 15 个。详见表 3-2。

表 3-2　五寨县耕种土壤类型对照表

土类		亚类		土属		土种	
原县名	最后定名	原县名	最后定名	原县名	最后定名	原县名	最后定名
棕壤	棕壤(代号:A)	生草棕壤	棕壤性土(代号:A. b)	砂页岩质生草棕壤	麻沙质棕壤性土(代号:A. b. 1)	中土层砂页岩质耕作生草棕壤(代号:12)	耕麻沙质棕土(耕种中厚层花岗片麻岩类棕壤性土)(代号:A. b. 1. 011)
				石灰岩质生草棕壤	灰泥质棕壤性土(代号:A. b. 5)	中土层石灰岩质耕作生草棕壤(代号:10)	耕灰泥质棕土(耕种中厚层碳酸盐岩类棕壤性土)(代号:A. b. 5. 018)
		棕壤性土		石灰岩质棕壤性土		厚土层石灰岩质棕壤棕壤性土(代号:15)	
黄绵土	栗褐土(代号:D)	栗黄绵土	淡栗褐土(代号:D. b)	白干质黄绵土	黄土质淡栗褐土(代号:D. b. 1)	黏体沙土性白干土质栗黄绵土(代号:23)	耕淡栗黄土(耕种壤黄土质淡栗褐土)(代号:D. b. 1. 195)
				耕作黄绵土		轻壤性耕作黄绵土(代号:24)	
				埋藏古黑垆土		轻壤性体埋藏古黑垆土(代号:27)	底黑淡栗黄土(耕种壤深位厚黑垆土层黄土质淡栗褐土)(代号:D. b. 1. 196)
		黄绵土		埋藏淤积黑垆土		中壤性底埋藏淤积黑垆土(代号:28)	
				红黄土质栗黄绵土	红黄土质淡栗褐土(代号:D. b. 2)	中壤性红黄土质栗黄绵土(代号:22)	二合红淡栗黄土(黏壤红黄土质淡栗褐土)、(代号:D. b. 2. 198)
				埋藏淤积黑垆土	黑垆土质淡栗褐土(代号:D. b. 3)	中壤性体埋藏淤积黑垆土(代号:29)	黑淡栗黄土(耕种壤黑垆土质淡栗褐土)(代号:D. b. 3. 200)
						轻壤性体埋藏淤积黑垆土(代号:30)	
					黄土状淡栗褐土(代号:D. b. 4)	沙壤性底埋藏淤积黑垆土(代号:31)	底黑卧淡栗黄土(耕种壤深位黑垆土层黄土状淡栗褐土)(代号:D. b. 4 202)
				川黄土		轻壤性川黄土(代号:33)	
						轻壤性夹黏底川黄土(代号:34)	卧淡栗黄土(耕种壤黄土状淡栗褐土)(代号:D. b. 4 201)
						轻壤性重黏底川黄土(代号:35)	

（续）

土类		亚类		土属		土种	
原县名	最后定名	原县名	最后定名	原县名	最后定名	原县名	最后定名
黄绵土	栗褐土（代号:D）	黄绵土	淡栗褐土（代号:D. b）	黄绵土	黄土状淡栗褐土（代号:D. b. 4）	轻壤性流沙底黄绵土（代号:38）	卧淡栗黄土（耕种壤黄土状淡栗褐土）（代号:D. b. 4 201）
						漏沙轻壤性黄绵土（代号:41）	
				川黄土		重壤性川黄土（代号:32）	二合卧淡栗黄土（耕种黏壤黄土状淡栗褐土）（代号:D. b. 4. 203）
		栗黄绵土		耕作洪积栗黄绵土	洪积淡栗褐土（代号:D. b. 5）	少砾轻壤性洪积栗黄绵土（代号:25）	洪淡栗黄土（耕种壤洪积淡栗褐土）（代号:D. b. 5. 204）
				耕作沟淤潮栗黄绵土		轻壤性耕作沟淤潮栗黄绵土（代号:26）	
		黄绵土		黄绵土		中壤性沙砾底黄绵土（代号:39）	底砾洪淡栗黄土（耕种壤深位卵石洪积淡栗褐土）（代号:D. b. 5. 205）
						轻壤性砾石底黄绵土（代号:40）	
	黄绵土代号:E		黄绵土（代号:E. a）	黄绵土	黄绵土（代号:E. a. 1）	轻壤性黄绵土（代号:36）	耕黄绵土（耕种壤黄绵土（代号:E. a. 1. 211）
						沙壤性黄绵土（代号:37）	
	风沙土（代号:H）	栗黄绵土	草原风沙土（代号:H. a）	栗黄绵土	固定草原风沙土（代号:H. a. 2）	沙壤性栗黄绵土（代号:21）	耕漫沙土（耕种固定草原风沙土）（代号:H. a. 2. 225）
	潮土（代号:N）	盐化草甸黄绵土	盐化潮土（代号:N. d）	氯化物硫酸盐盐化潮黄绵土	硫酸盐盐化潮土（代号:N. d. 1）	轻度氯化物硫酸盐盐化潮黄绵土（代号:42）	耕轻白盐潮土（耕种壤轻度硫酸盐盐化潮土）（代号:N. d. 1. 297）
						中度氯化物硫酸盐盐化潮黄绵土（代号:43）	耕中白盐潮土（耕种壤中度硫酸盐盐化潮土）（代号:N. d. 1. 302）

二、土壤类型特征及主要生产性能

（一）栗褐土

栗褐土为五寨县地带性土壤，遍布全县海拔 1 200 米以上地区，面积为 534 529.2 亩，占全县总面积的 71.78%。

栗褐土主要发育在黄土及黄土状母质上。黄土是第四系陆相的特殊沉积物。它具有土层深厚、质地均匀、疏松多孔、富含磷酸钙（还含有较多的磷、钾矿物质元素），呈微碱性反应，又没有特殊有害物质等特点。因此，它不同于其他母质，不需要进一步风化就可以生长植物而发生成土作用，是一个品质优良的成土母质。

栗褐土是在温带大陆性生物气候环境中，降雨少、淋溶作用很弱的条件下生成的，故没有明显的层次发育。除了少部分有较薄的腐殖质层、耕作土壤有较紧的犁底层外，全剖面颜色、结构均无多大差异，而且诊断层次也不明显。土体上下的均匀一致性，既反映了与母质的先天关系，又表现了栗褐土土体发育微弱的基本特征。

从化学风化作用来看，由于栗褐土处在森林草原向干旱荒漠草原的过渡地带，因此，土壤发育的腐殖质化过程（除表层土壤腐殖质含量稍高外，其余各层均与母质相似），黏化过程（除较平坦地区的典型栗褐土亚类，有微弱的黏粒下移外，其余亚类几乎没有），钙化过程（在土体中仅可以看到少量点状、丝状的碳酸钙淀积，全剖面石灰反应较强烈）都很微弱，更没有明显的发育层次。其次，栗褐土中磷酸盐含量较为丰富，但大都为难溶性的无机盐——磷酸钙。这表明栗褐土的化学风化作用也是十分微弱的。

由于黄土母质有利于微生物生长，特别是好气性细菌生长发育良好，活动旺盛，所以，土壤中的有机质（包括动植物残体和施入的有机肥料）很快被分解和矿化，从而易于被植物吸收，合成新的有机物质。土壤中矿质化过程强于腐殖化过程，有机质积累就较少，于是土壤中便有十分活跃的物质循环，即：有机质—腐殖质—矿物质元素—有机质的循环。

栗褐土现在所具有的发育特征是和其成土过程中受土壤侵蚀的影响分不开的，而土壤侵蚀又是和深刻的人为影响有着直接关系。从现在黄土中及地表裸露的黑垆土考证，五寨县在秦朝以前曾是林木茂盛、草灌丛生的林牧区。这种生物气候条件有利于有机质的形成、聚积，所以当时的土壤为肥沃的林地土壤。后来由于外来人口增加，人们盲目开垦，把原始森林砍伐一空，于是当年的林牧区逐渐演变成今天的农垦区。随着自然植被人为地破坏，土壤侵蚀急剧发展，致使自然土壤表层冲失，心土裸露，一次又一次地重新开始其新的成土过程。即：发育——侵蚀——再发育——再侵蚀的过程周而复始不断进行，使土壤发育经常处于幼年阶段。可见，栗褐土的成土过程中，人为活动的干预和影响一直是很强烈的。

按照土壤亚类的划分依据，栗褐土分为淡栗褐土 1 个亚类。

1. 淡栗褐土亚类 淡栗褐土遍布于五寨县东部土石低山地区和县境中部的广大丘陵梁峁、沟壑，海拔 1 200 米以上，面积 534 529.2 亩，占全县总面积的 71.78%，这是五寨县的地带性土壤。

淡栗褐土所处的地带，年平均气温为7.5～8.8℃，热量资源较丰富；年均降水不足450毫米，且多集中在7月、8月、9月这3个月，又常以暴雨形式降落；地形起伏不平，地面支离破碎；地下水极缺，土体干旱；自然植被以旱生、低矮的草灌植物为主。在以上成土条件下，由于坡度大，覆盖差，水土流失严重，使土壤一直没有一个稳定的成土过程（即始终处于“发育，侵蚀，再发育，再侵蚀”的交替过程）。因此，土壤中一直保持有母质的特征特性，便形成了淡栗褐土。

水蚀、风蚀严重，沟壑发育，水土流失严重。绝大部分土壤没有层次发育和黏化过程，大部分土壤无明显钙积，只有少部分有点、丝状钙积，石灰反应强烈。质地以轻偏沙为主，结构差，易冲刷。土壤有机质含量低，养分缺乏。土体干旱，气热有余，水分不足，耕性较好。

养分：据此次调查测定，pH为8.29，有机质为10.09克/千克，全氮为0.57克/千克，有效磷为9.15毫克/千克，速效钾为104.31毫克/千克，缓效钾为728.51毫克/千克，有效铜为1.02毫克/千克，有效锰为7.45毫克/千克，有效锌为0.65毫克/千克，有效铁为5.96毫克/千克，有效硼为0.30毫克/千克，有效硫为34.23毫克/千克。

本亚类土壤按母质类型和农业利用方式分为黄土质淡栗褐土、红黄土质淡栗褐土、黑垆土质淡栗褐土、洪积淡栗褐土、黄土状淡栗褐土等5个土属，现分述如下。

（1）黄土质淡栗褐土：本土属分为两个土种：耕淡栗黄土、底黑淡栗黄土。

黄土质淡栗褐土面积377 396亩，占全县总面积的50.68%。

黄土质淡栗褐土经过人为开垦种植，表土已有明显的耕作层，结构为屑粒状和块状，因受耕作影响，土壤沙化过程增加，有机质积累减少，自然植被仅残存于田间、路旁。

①耕淡栗黄土：耕淡栗黄土广泛分布于县境内海拔1 200米以上的丘陵和山地，面积254 137.2亩，占全县总面积的34.13%。

典型剖面描述如下。

剖面地点：三岔镇深沟子村台子峁地，海拔为1 450米，地形为丘陵峁地。

0～16厘米：灰棕黄，轻壤疏松多孔，屑粒状结构，多植物根系，湿。

16～60厘米：灰棕黄，轻壤紧实中孔，块状结构，中量根，少量丝碳酸钙，湿。

60～150厘米：灰棕黄，轻壤紧实少孔，块状结构，少量根，湿。

全剖面呈石灰反应，剖面理化性状见表3-3。

表3-3　耕淡栗黄土的理化性状

土层深度（厘米）	有机质（克/千克）	全氮（克/千克）	全磷（克/千克）	pH	碳酸钙（克/千克）	代换量（me/百克土）	机械组成（%）		质地
							<0.01毫米	<0.001毫米	
0～16	6.0	0.35	0.49	8.0	101	8.4	27	73	轻壤
16～60	3.9	0.26	0.29	8.2	108	7.1	—	—	轻壤
60～150	3.7	0.26	0.50	8.0	131	—	—	—	轻壤

耕淡栗黄土具有土层深厚，土性绵软，质地轻软均一，熟化差，通气好，保水保肥能力较弱。目前种植玉米、糜谷、马铃薯、豆类等作物，其产量水平随着地形部位和侵蚀程度的不同，变化幅度较大，一般为100～300千克/亩。今后改良利用方向，针对其干旱、

瘠薄的限制因素，应走有机旱作道路，采取粮肥轮作、秸秆还田等措施，以提高土壤肥力。

②底黑淡栗黄土：底黑淡栗黄土分布于胡会、小河头、三岔、梁家坪、杏岭子等乡（镇）海拔 1 300～1 500 米的丘陵和山地，面积为 39 690 亩，占全县总面积的 5.33%。

典型剖面描述如下：

剖面地点：三岔镇三岔村北梁地，海拔为 1 450 米，地形为丘陵峁地。

0～20 厘米：灰黄色，轻壤疏松多孔，屑粒状结构，多植物根系，稍润。

20～70 厘米：深褐色，轻壤较紧中孔，块状结构，中量根，蜂窝状小虫孔多量，润。

70～150 厘米：棕黄色，轻壤紧实少孔，块状结构，少量根，润。

全剖面呈石灰反应，剖面理化性状见表 3-4。

表 3-4　底黑栗黄土的理化性状

土层深度（厘米）	有机质（克/千克）	全氮（克/千克）	全磷（克/千克）	pH	碳酸钙（克/千克）	代换量（me/百克土）	机械组成（%）		质地
							< 0.01 毫米	< 0.001 毫米	
0～20	11.0	0.48	0.56	8.1	56.0	8.5	23	77	轻壤
20～70	3.7	0.46	0.51	8.2	45.0	10.7	—	—	轻壤
70～150	5.1	0.25	0.48	8.2	89.0	6.5	—	—	轻壤

底黑淡栗黄土具有土层深厚，土性绵软，质地适中，耕性较好，保水保肥能力较强等优点。目前种植玉米、糜谷、马铃薯、豆类等作物，其产量水平随着地形部位和侵蚀程度的不同，变化幅度较大，一般为 200～300 千克/亩。今后改良利用方向，针对其干旱、瘠薄的限制因素，应走有机旱作道路，采取粮肥轮作、秸秆还田等措施，以提高土壤肥力。

（2）红黄土质淡栗褐土：本土属分 1 个土种：二合红淡栗黄土。

二合红淡栗黄土。二合红淡栗黄土零星分布于新寨、前所、小河头、三岔、胡会等乡（镇），面积为 6 257.7 亩，占全县总面积的 0.84%。

红黄土质淡栗褐土的土体构型上部为黄土覆盖，下部为结构较紧密的红土、红黄土母质，保水保肥性能较好，红土比红黄土结构更紧密，更坚硬，保水保肥性能也更强，但是通气透水能力较差，不易耕作。

典型剖面描述如下：

剖面地点：李家坪西羊仿村石山地，海拔为 1 580 米，地形为丘陵中部。

0～18 厘米：灰棕色，中壤较松中孔，屑粒状结构，多植物根系，稍润。

18～70 厘米：棕红色，重壤紧实中孔，核状结构，中量根，中量白色粉丝状碳酸盐淀积物，润。

70～118 厘米：棕红色，重壤紧实少孔，核状结构，少量根，少量白色粉丝状碳酸盐淀积物，润。

118～140 厘米：棕红色，重壤紧实少孔，核状结构，少量根，少量白色粉丝状碳酸盐淀积物，润。

140～150 厘米：棕红色，重壤坚实少孔，核状结构，多量白色粉丝状碳酸盐淀积物，润。

全剖面呈石灰反应，剖面理化性状见表 3 - 5。

表 3 - 5　二合红淡栗黄土的理化性状

土层深度（厘米）	有机质（克/千克）	全氮（克/千克）	全磷（克/千克）	pH	碳酸钙（克/千克）	代换量（me/百克土）	机械组成（%）		质地
							＜0.01 毫米	＜0.001 毫米	
0～18	9.5	0.52	0.40	7.9	86	11.6	38	62	中壤
18～70	4.4	0.30	0.26	8.0	75	12.6	—	—	重壤
70～118	2.8	0.23	0.22	8.0	19	16	—	—	重壤
118～140	2.4	0.18	0.10	8.0	20	—	—	—	重壤
140～150	2.5	0.17	0.29	7.9	147	—	—	—	重壤

二合红淡栗黄土质地发黏，结构较差，目前的产量水平为亩产百千克左右。今后应增施有机肥料，改善土壤结构。

（3）黑垆土质淡栗褐土：本土属分 1 个土种：黑淡栗黄土。

黑淡栗黄土。黑垆土质淡栗褐土零星分布于砚城、前所、胡会、小河头、新寨、三岔、孙家坪、孙家坪 8 个乡（镇）的丘陵下部，海拔为 1 300～1 500 米河谷两侧的残垣台坪地和缓坪地，面积为 2 365 亩，占全县总面积的 0.32%。

黑垆土质淡栗褐土质地适中，耕性良好，有机质含量较高，保水保肥性较强，为五寨县最好的农业土壤之一，目前种植糜谷、马铃薯、玉米等作物，亩产 350～500 千克。

黑淡栗黄土面积为 2 365 亩，占全县总面积的 0.32%。

典型剖面描述如下：

剖面地点：梁家坪乡小寨村的枣儿洼地，海拔为 1 400 米，丘陵下部缓坪地。

0～21 厘米：褐黄色，轻壤疏松多孔，屑粒状结构，多植物根系，稍润。

21～60 厘米：黄褐色，轻壤紧实中孔，块状结构，中量根，润。

60～100 厘米：灰褐色，中壤紧实少孔，块状结构，少量根，润。

100～150 厘米：黑褐色，中壤紧实少孔，块状结构，无根，润。

全剖面呈石灰反应，剖面理化性状见表 3 - 6。

表 3 - 6　黑淡栗黄土的理化性状

土层深度（厘米）	有机质（克/千克）	全氮（克/千克）	全磷（克/千克）	pH	碳酸钙（克/千克）	代换量（me/百克土）	机械组成（%）		质地
							＜0.01 毫米	＜0.001 毫米	
0～21	11.1	0.49	0.80	8.2	39	11.2	23	77	轻壤
21～60	10.0	0.42	0.85	8.5	36	6.2	—	—	轻壤
60～110	12.3	0.50	1.00	8.4	30	12.6	—	—	中壤
110～150	17.6	0.64	0.78	8.4	60	13.3	—	—	中壤

黑淡栗黄土质地适中，结构较好，土性温，通气好，上松下紧构型好，养分含量高，肥劲足而长，保水保肥，是五寨县高产土壤之一。今后要进一步加大增施有机肥料和秸秆

还田力度提高土壤肥力，有条件的村发展水浇地。

(4) 洪积淡栗褐土：本土属划分为2个土种：洪淡栗黄土、底砾洪淡栗黄土。

洪积淡栗褐土主要分布于韩家楼、三岔、东秀庄、杏岭子等乡（镇），海拔为1 200～1 400米的丘陵下部的平缓地带、丘陵沟谷坝地中，面积为41 931.6亩，占全县总面积的5.63%。

①洪淡栗黄土。洪淡栗黄土发育于洪积和自然淤灌及人工堆垫母质。地处平缓部位，部分土壤还有灌溉条件，土壤发育层次不明显，基本无侵蚀或侵蚀很轻，土壤养分含量较高，为五寨县最好的农业土壤一。

洪淡栗黄土面积为36 551.6亩，占全县总面积的4.91%。

典型剖面描述如下：

剖面地点：杏岭子乡王满庄村对坡湾地，海拔为1 350米，地形为沟谷地。

0～20厘米：灰棕黄，轻壤疏松多孔，屑粒状结构，多植物根系，稍润。

20～90厘米：灰棕黄，轻壤紧实中孔，块状结构，中量根，润湿。

90～150厘米：灰棕黄，轻壤紧实中孔，块状结构，少量小沙砾，润湿。

剖面理化性状见表3-7。

表3-7 洪淡栗黄土的理化性状

土层深度（厘米）	有机质（克/千克）	全氮（克/千克）	全磷（克/千克）	pH	碳酸钙（克/千克）	代换量（me/百克土）	机械组成（%）		质地
							<0.01毫米	<0.001毫米	
0～20	8.0	0.39	0.53	8.1	70	8.0	29	71	轻壤
20～90	4.2	0.19	0.45	8.1	79	6.4	27	73	轻壤
90～150	4.2	0.18	0.47	8.2	77	6.7	27	73	轻壤

洪淡栗黄土耕性良好，保水保肥性较强，现在种植玉米、马铃薯、谷子等作物，亩产400～500千克。今后利用改良方向是搞好引洪淤灌，加厚活土层，增施热性肥料，把用地和养地结合起来，不断提高土壤肥力，同时，要注意防洪排涝，以防土体过分下湿。

②底砾洪淡栗黄土。底砾洪淡栗黄土主要分布于砚城、前所2个乡（镇），海拔为1 400～1 500米的丘陵沟谷出口处洪积扇中下部平缓地带，面积为5 380亩，占全县总面积的0.72%。

底砾洪淡栗黄土发育于洪积母质。由于本土种地处丘陵沟谷出口处洪积扇中下部平缓部位，部分土壤还有灌溉条件，土壤发育层次不明显，基本无侵蚀或侵蚀很轻，土壤养分含量较高，虽然土层100厘米以下砾石较多，但对农业生产影响较小，是五寨县较好的农业土壤之一。

典型剖面描述如下：

剖面地点：前所乡前所村直路上地，海拔为1 400米，地形为洪积扇中下部。

0～34厘米：黄褐色，中壤疏松多孔，屑粒状结构，多植物根系，润。

34～65厘米：褐黄色，中壤紧实中孔，块状结构，中量根，润。

65～95厘米：棕黄色，中壤紧实中孔，块状结构，少砾石，少量根，润

95～150 厘米：棕黄色，沙粒紧实中孔，单粒结构，多砾石拌有少量土，无根，润，石灰反应 95 厘米以上强、以下微弱。

剖面理化性状见表 3-8。

表 3-8　底砾洪淡栗黄土的理化性状

土层深度（厘米）	有机质（克/千克）	全氮（克/千克）	全磷（克/千克）	pH	碳酸钙（克/千克）	代换量（me/百克土）	机械组成（%）		质地
							<0.01 毫米	<0.001 毫米	
0～34	16.1	0.72	1.14	8.2	52	14.2	41	59	中壤
34～65	11.2	0.55	0.71	8.5	73	12.3	—	—	中壤
65～95	4.7	0.27	1.20	8.2	40	5.2	—	—	中壤
95～150	3.4	0.19	1.53	8.0	15	2.0	—	—	沙砾

洪淡栗黄土耕性良好，保水保肥性较强，现在种植玉米、马铃薯等粮食作物，亩产 400～600 千克。今后利用改良方向是搞好引洪淤灌，利用南峰水库水和地下水发展水浇地，增施热性肥料，把用地和养地结合起来，不断提高土壤肥力，同时，要注意防洪排涝，以防土体过分下湿。

（5）黄土状淡栗褐土：本土属划分为 3 个土种：底黑卧淡栗黄土、卧淡栗黄土、二合卧淡栗黄土。

黄土状淡栗褐土分部于五寨县 40 千米长的“>”字形朱家川河两岸的铧咀坪，呈狭长的带状川谷地区，占据砚城、前所、胡会、小河头、新寨、三岔、韩家楼 7 个乡（镇）的绝大多数村庄，海拔为 1 246～1 500 米，总面积为 106 578.8 亩，占全县总耕地面积的 14.31%。

黄土状淡栗褐土发育于黄土性冲积物、洪积物、淤积物，属黄土状母质。由于本土壤地处谷川地带，地势平坦，基本属于表土无侵蚀，底土不受地下水影响，是较为良好的农业土壤。耕作层土壤质地沙壤至重壤，以轻壤为主，土壤发育层次明显，熟化度好，耕层养分含量较高，部分土壤还有灌溉条件，是五寨县受人为因素影响最活跃、生产能力最好、产量水平最高的农业土壤。

①底黑卧淡栗黄土。底黑卧淡栗黄土主要分布新寨乡和韩家楼乡，共有面积 15 557 亩，占全县耕地面积的 2.09%，海拔为 1 246～1 350 米，土壤质地轻，肥力中等，是五寨县较好的农业土壤之一。

典型剖面描述如下：

剖面地点：韩家楼乡肖家村的圪妥坪地，海拔为 1 250 米，地形为川谷地。

0～21 厘米：灰棕，沙壤疏松多孔，小碎块结构，多植物根系，稍润。

21～90 厘米：棕黄，沙壤紧实中孔，块状结构，中量根，润。

90～122 厘米：褐黄，轻壤紧实中孔，块状结构，少量根，润

122～150 厘米：黑褐，轻壤紧实中孔，块状结构，无根，润。

剖面理化性状见表 3-9。

表 3-9　底黑卧淡栗黄土的理化性状

土层深度（厘米）	有机质（克/千克）	全氮（克/千克）	全磷（克/千克）	pH	碳酸钙（克/千克）	代换量（me/百克土）	机械组成（%）		质地
							<0.01 毫米	<0.001 毫米	
0～34	4.2	0.27	0.54	8.0	69	6.7	19	81	沙壤
34～65	2.0	0.22	0.58	8.0	73	4.3	—	—	沙壤
65～95	4.1	0.25	0.45	8.0	49	6.1	—	—	轻壤
95～150	9.4	0.43	0.59	8.1	26	9.3	—	—	轻壤

底黑卧淡栗黄土质地沙壤，保水保肥性较差，现在种植玉米、马铃薯等粮食作物，亩产 350～500 千克。今后利用改良方向是增施有机肥料，推广秸秆还田，用地和养地相结合，不断提高土壤肥力。

②卧淡栗黄土。淡栗黄土主要分布在砚城、前所、胡会、小河头、新寨、三岔 6 个乡（镇），海拔为 1 300～1 500 米的谷川地，总面积 82 321.8 亩，占全县总耕地面积的 11.05%。

卧淡栗黄土属黄土状母质，由于本土种地处谷川地带，地势平坦，基本属于表土无侵蚀，底土不受地下水影响，是较为良好的农业土壤。耕作层土壤质地以轻壤为主，土壤发育层次明显，熟化度好，耕层养分含量较高，部分土壤还有灌溉条件，是五寨县受人为因素影响最活跃、生产能力最好、产量水平最高的农业土壤。

典型剖面描述如下：

剖面地点：砚城镇东关村张家圪洞地，海拔为 1 400 米，地形为川谷地。

0～22 厘米：灰褐黄，轻壤疏松多孔，屑粒状结构，多植物根系，稍润。

22～31 厘米：浅棕黄，轻壤紧实中孔，块状结构，中量根，润。

31～76 厘米：浅棕黄，轻壤紧实中孔，块状结构，少量根，润

76～150 厘米：浅棕黄，轻壤紧实中孔，块状结构，无根，润。

剖面理化性状见表 3-10。

表 3-10　卧淡栗黄土的理化性状

土层深度（厘米）	有机质（克/千克）	全氮（克/千克）	全磷（克/千克）	pH	碳酸钙（克/千克）	代换量（me/百克土）	机械组成（%）		质地
							<0.01 毫米	<0.001 毫米	
0～22	13.7	0.60	0.72	7.9	61	9.5	27	73	轻壤
22～31	14.0	0.54	0.79	8.0	64	9.3	—	—	轻壤
31～76	4.7	0.19	0.52	8.0	84	6.5	—	—	轻壤
76～150	5.4	0.3	0.59	8.1	74	6.9	—	—	轻壤

卧淡栗黄土质地轻壤，保水保肥性较好，现在种植玉米、马铃薯等粮食作物，亩产 400～600 千克。今后利用改良方向是增施有机肥料，推广秸秆还田，用地和养地相结合，利用南峰水库水和地下水发展水浇地，逐步提高土壤生产能力。

③二合卧淡栗黄土。二合卧淡栗黄土主要分布小河头乡小武州村，共有面积 8 700 亩，占全县耕地面积的 1.17%，海拔为 1 300～1 400 米，土壤质地稍黏，土体坚实，享有清洪灌溉条件，肥力较高，是五寨县较好的农业土壤之一。

典型剖面描述如下：

剖面地点：小河头乡小武州村的西长畛地，海拔 1 350 米，地形为川谷地。

0～20 厘米：灰黄棕，重壤疏松多孔，小块结构，多植物根系，稍润。

20～70 厘米：灰黄棕，重壤紧实少孔，块状结构，少量根，润。

70～150 厘米：褐黄，中壤紧实少孔，块状结构，无根，润。

剖面理化性状见表 3－11。

表 3－11　二合卧淡栗黄土的理化性状

土层深度（厘米）	有机质（克/千克）	全氮（克/千克）	全磷（克/千克）	pH	碳酸钙（克/千克）	代换量（me/百克土）	机械组成（%）		质地
							<0.01 毫米	<0.001 毫米	
0～20	4.2	0.27	0.54	8.0	69	6.7	19	81	沙壤
20～70	2.0	0.22	0.58	8.0	73	4.3	—	—	沙壤
70～150	9.4	0.43	0.59	8.1	26	9.3	—	—	沙壤

二合卧淡栗黄土质地黏壤，保水保肥性强，发老苗不发小苗，养分含量高，肥效迟缓，通气差，有清洪水灌溉条件，现在种植玉米、马铃薯等粮食作物，亩产 450～650 千克。今后利用改良方向是注重深耕松土，通过增施有机肥料，推广秸秆还田，调节土壤水肥气热状况，提高土壤综合生产能力。

（二）黄绵土

黄绵土为五寨县的地带性土壤，主要分布在砚城、胡会、小河头、韩家楼等乡（镇）的 1 200 米以上，阴坡 1 450 米，阳坡 1 500 米以下的广大丘陵梁峁、沟豁，与栗褐土交错分布，面积为 92 597 亩，占全县总面积的 12.44%。

黄绵土是黄土性土壤，由黄土母质经耕种熟化形成，过去曾在分类上属于栗褐土的亚类，是在栗褐土地区遭受严重水土流失后直接耕种熟化的土壤，自然剖面不明显，只有耕作层和底土层，土体土层深厚，质地以粉沙为主，质地均匀，色泽淡黄，近浅灰黄色，结构性弱，易受侵蚀，土体疏松，是一种通气透水性良好的土壤。广泛分布于黄土丘陵土壤侵蚀强烈地区，雨蚀、风蚀严重，严重影响农业生产，在地形坡度小地势较平的地区则可正常发育，能形成腐殖质深厚的黑垆土。

黄绵土在土壤形成过程中受黄土母质的影响特别明显，黄土高原的黄土除由风成外，局部也出现洪积、坡积和冲积的次生黄土，由新黄土、老黄土和古黄土所组成，新黄土覆盖面积最大，土层深厚一般为 10～20 米，最厚可达 60 米以上，黄土质地均匀，疏松多孔，有良好的保水性和保肥性，黄土母质在自然因素与耕种熟化共同作用下形成了黄绵土类型的土壤。它的成土过程视土壤侵蚀状况而异，如地形平坦侵蚀较轻则表层有腐殖质累积，同时发生石灰的淋溶和淀积以及进行微弱的黏化等过程，如果这些成土过程顺利地进行，土壤则向黑垆土过渡，如因遭遇强烈的反复侵蚀，则不存在深厚的腐殖质层而形成了黄绵土。因此黄绵土和黑垆土经常交错分布。

黄绵土是在侵蚀和耕种熟化过程中的产物，因此黄绵土肥力的高低和肥力是否能保持一定水平则视水土流失的控制程度，在新中国成立前不少地区由于水土流失耕地被切割，形成黄土丘陵沟壑区的特殊地形，表层熟化层得不到保持，因而肥力降低，只有弃耕轮荒，农业生产受到很大限制。新中国成立后通过修筑梯田，扎沟打坝，营造水土保持林，进行等高带状间作，发展绿肥牧草等以及一系列精耕细作措施，使黄绵土地区的农业生产面貌有很大改变，黄绵土的肥力也逐步上升，成为华北、西北的主要粮食产区。

按照土壤亚类的划分依据，五寨县黄绵土分 1 个亚类：黄绵土亚类。

地理分布：黄绵土亚类遍布于县境中部砚城、胡会、小河头、韩家楼等乡（镇）的黄土丘陵地区，海拔为 1 200～1 500 米，与淡栗褐土交错分布，面积为 92 597 亩，占全县总面积的 12.44%。

形成及特征：黄绵土亚类分布地区系温带半干旱地区，年降水量少于 500 毫米，年平均气温低于 10℃，无霜期短，雨季集中在 7 月、8 月、9 这 3 个月，多以暴雨形式出现，一次降雨可达 150～200 毫米，易形成严重的水土流失，春季多大风，风蚀也比较严重，故黄绵土地区经常形成丘陵沟壑地貌。

黄绵土亚类由于成土母质为黄土沉积物，土壤颗料以粉沙为主，质地一般为沙壤至轻壤，粉沙粒占总量的 60%左右，整个土体质地变化较小，只下层有变细的趋势。上层由于耕作、侵蚀和沉积的影响，特别是风蚀的影响，质地有变粗的趋势。分布上由南至北沙性也逐渐增大，主要由于越向北风蚀的影响越明显。自然剖面不明显，土层深厚，质地均匀，色泽淡黄，结构性弱，易受侵蚀，土体疏松，通气透水性良好。土体呈碱性反应，有机质分解速度超过积累，有机质含量较低，土体松软，水稳性较差，耕性良好，宜耕期长，耕作阻力小。

养分：据此次调查测定，pH 为 8.32，有机质为 19.38 克/千克，全氮为 0.69 克/千克，有效磷为 18.59 毫克/千克，速效钾为 143.49 毫克/千克，缓效钾为 786.72 毫克/千克，有效铜为 1.34 毫克/千克，有效锰为 11.19 毫克/千克，有效锌为 1.16 毫克/千克，有效铁为 14.20 毫克/千克，有效硼为 0.63 毫克/千克，有效硫为 61.23 毫克/千克。

主要类型：本亚类土壤，分 1 个土属：黄绵土。

黄绵土分 1 个土种：耕坡黄绵土。

耕坡黄绵土面积为 92 597 亩，占全县总面积的 12.44%。

典型剖面描述如下：

剖面地点：韩家楼乡丈子沟村庙家河棱地，海拔 1 250 米，地形为丘陵下部。

0～31 厘米：灰黄色，轻壤疏松多孔，屑粒状结构，多植物根系，稍润。

31～60 厘米：棕黄色，轻壤紧实中孔，块状结构，中量根，润。

60～90 厘米：棕黄色，轻壤紧实少孔，块状结构，少量根，润。

90～150 厘米：棕黄色，轻壤紧实少孔，块状结构，少量根，润。

全剖面呈石灰反应，剖面理化性状见表 3-12。

表 3-12　耕坡黄绵土的理化性状

土层深度（厘米）	有机质（克/千克）	全氮（克/千克）	全磷（克/千克）	pH	碳酸钙（克/千克）	代换量（me/百克土）	机械组成（%）		质地
							<0.01 毫米	<0.001 毫米	
0～31	6.9	0.42	0.39	7.9	68	7.3	23	77	轻壤
31～60	6.3	0.33	0.57	8.1	76	8.5	—	—	轻壤
60～90	5.4	0.31	0.47	8.0	76	7.4	—	—	轻壤
90～150	4.9	0.34	0.57	7.9	68	5.8	—	—	轻壤

黄绵土质地轻，性温通气好，保水保肥性一般，有机质含量较低，亩产 100～300 千克。改良利用方向，要坚持走有机旱作道路，搞好水土保持，耙耱保墒，增施农肥，以逐步改善土壤结构，提高土壤肥力。

（三）风沙土

风沙土广泛分布于砚城、胡会、新寨、三岔、韩家楼、杏岭子、李家坪、东秀庄、梁家坪等 9 个乡（镇）的黄土丘陵梁峁背坡，海拔为 1 300～1 500 米，面积为 111 689.9 亩，占全县总面积的 15%。

由于五寨县所处的地理位置属于晋西北，与内蒙古沙漠区距离较近，全年又多刮西北风，刮风携带的风沙，随风速减慢到丘陵背风处便沉积下来。这样年复一年，风沙堆积越来越多，便形成了隐域性土壤——风沙土。这种土壤无层理，通体以沙土沙壤为主，单粒或粒状结构，土质疏松、无黏结性和可塑性。

风沙土根据土壤发育程度，暂分 1 个亚类：草原风沙土。

形成及特征：植被以柠条、杨树、洋槐等人工林和沙蓬、沙蒿等草本植物为主。上部和通体为沙土或沙壤土，无层理、无层次发育。地表有极薄的灰色结皮。通体有程度不同的石灰反应。

养分：据此次调查测定，pH 为 8.60，有机质为 9.25 克/千克，全氮为 0.68 克/千克，有效磷为 6.11 毫克/千克，速效钾为 97.72 毫克/千克，缓效钾为 724.08 毫克/千克，有效铜为 0.93 毫克/千克，有效锰为 9.30 毫克/千克，有效锌为 0.70 毫克/千克，有效铁为 8.56 毫克/千克，有效硼为 0.13 毫克/千克，有效硫为 16.43 毫克/千克。

主要类型：本亚类土壤，分 1 个土属：固定草原风沙土。

本土属分 1 个土种：耕漫沙土

固定草原风沙土的分布、面积和特点同草原风沙土亚类所述。

耕漫沙土面积为 111 689.9 亩，占全县总面积的 15%。

典型剖面描述如下：

剖面地点：韩家楼乡韩家楼村大岭头地，海拔为 1 300 米，地形为丘陵上部背风坡。

0～20 厘米：浅黄色，沙壤疏松多孔，小碎块状结构，多植物根系，润。

20～90 厘米：浅黄色，沙壤疏松多孔，小碎块状结构，中量根，润。

90～150 厘米：浅黄色，轻壤紧实多孔，块状结构，少量根，润。

全剖面 90 厘米以上石灰反应弱，90 厘米以下石灰反应强。剖面理化性状见表 3-13。

表 3-13 耕漫沙土的理化性状

土层深度（厘米）	有机质（克/千克）	全氮（克/千克）	全磷（克/千克）	pH	碳酸钙（克/千克）	代换量（me/百克土）	机械组成（%）		质地
							< 0.01 毫米	< 0.001 毫米	
0～20	7.4	0.38	0.51	8.3	49	7.3	19	81	沙壤
20～90	7.7	0.37	0.47	8.2	30	9.2	29	71	沙壤
90～150	4.1	0.22	0.40	8.3	65	6.0	23	77	轻壤

耕漫沙土属于一种幼年土壤，土质疏松，多呈粒状或小碎块状结构，无发育特征，无黏结性和可塑性，土体干旱，养分较少，保水保肥能力差。为此，有利改方向上要从增加

地面覆盖，防风固沙，改善土壤结构，提高土壤肥力等方面着手。具体做法是，先草后林，草、灌、乔结合，逐年把沙土固定，以防土壤继续沙化，使沙土向好的方向转变。

（四）潮土

潮土集中分布于小河头乡的、胡会乡的川口村、水槽村的低洼下湿地，海拔为1 250～1 300米，面积5 783亩，占全县总面积的0.78%。

成土条件及成土过程：潮土的成土母质为河流冲积、淤积物；所处的地带为河漫滩及一级阶地、山前或丘间交接洼地，地势低洼，地下水位高，一般是1～5米。由于季节性降雨的影响，地下水位上下移动，使土壤经常处于氧化还原过程。因此，在成土过程中受生物气候影响较小，而地下水的影响，则成了主要的成土因素。正因为地下水直接参于成土过程，就使得土壤在地带性发育中改变了地带性土壤的成土方向，便形成了隐域性的潮土类型。

这类土壤的特点是：地下水位高，土体湿润；在成土过程中，因受历次河水大小的影响（即随每次水的流速不同，携带的土粒粗细的不同，水量大，流速快，沉积的土粒就粗，反之，土粒就细），使土体中沙黏相间，层次分异非常明显；剖面中具有特殊的诊断层次——锈纹锈斑，这是土壤中氧化还原作用的结果。但在土壤过沙过黏时，锈纹锈斑就不太明显。

五寨县潮土分布地带主要是丘间交接洼地，成土过程受季节性地下水位影响较大，常不同程度的拌有次生盐渍化现象，形成了独有的盐化潮土，即盐化潮土亚类。

盐化潮土亚类

（1）地理分布：盐化潮土主要分布于小河头、胡会2个乡（镇）丘间交接洼地，海拔为1 250～1 300米，面积为5 783亩，占全县总面积的0.78%。

（2）形成及特征：盐化潮土的成土条件和成土过程受季节性地下水位影响较大，而且，地下水随季节变化升降频繁，所以，土体中有锈纹锈斑，但质地较粗的土壤，因成土时间短，锈纹锈斑不明显。同时，随水而来的盐分，又随土壤水分蒸发将盐分集留于地表，形成了盐化潮土。近年来由于降水量有所减少，地下水大量采发，地下水位明显下降，土壤盐渍化程度明显降低。这种土壤因其盐渍化降低，土体潮湿，水源方便，加之，逐年施肥多，因此，以逐步成为五寨县的高产农业用地。

（3）养分：据此次调查测定，pH为8.46，有机质为8.23克/千克，全氮为0.55克/千克，有效磷为9.62毫克/千克，速效钾为126.75毫克/千克，缓效钾为698.7毫克/千克，有效铜为0.97毫克/千克，有效锰为9.01毫克/千克，有效锌为1.14毫克/千克，有效铁为9.08毫克/千克，有效硼为0.14毫克/千克，有效硫为14.56毫克/千克。

（4）主要类型：本亚类土壤，分1个土属：盐化潮土。

本土属划分为2个土种：耕轻白盐潮土、耕中白盐潮土。

①耕轻白盐潮土。耕轻白盐潮土面积3 755亩，占全县总面积的0.51%。

典型剖面描述如下：剖面地点：典型剖面采在胡会乡川口村水圪洞地，海拔为1 280米，地形为丘涧交接洼地。地下水位5米，自然植被以芦草、碱蓬等多见。种植作物目前以玉米、马铃薯豆类为主，缺苗常在8%～10%，亩产玉米一般在350～550千克，成土母质冲积物。剖面特征如下：

0～31 厘米：灰黄色，轻壤疏松多孔，碎块状结构，多植物根系，潮润。

31～53 厘米：褐黄色，中壤紧实少孔，块状结构，中量根，黏粒淀积明显，潮润。

53～150 厘米：浅黄色，轻壤紧实少孔，块状结构，少量根，潮润。

全剖面有石灰反应强烈。

剖面理化性状见表 3-14。

表 3-14　耕轻白盐的理化性状

土层深度（厘米）	有机质（克/千克）	全氮（克/千克）	全磷（克/千克）	pH	碳酸钙（克/千克）	代换量（me/百克土）	机械组成（%）		质地
							<0.01 毫米	<0.001 毫米	
0～31	11.6	0.56	0.99	7.9	65	8.9	23	77	轻壤
31～53	8.6	0.43	0.58	7.6	99	11.8	—	—	中壤
53～150	5.1	0.22	0.48	7.8	66	—	—	—	轻壤

该土种土质轻，土体潮湿，土性凉通气差，保水肥性能较好，肥力较高，肥效平稳。近年盐碱程度明显减轻，已成为当地的高产土壤之一。今后要近一步加大增施有机肥料和秸秆还田力度，进行必要的盐碱地综合治理工程，发展水浇地，实现渠、林、路综合配套，逐步成为高产高效农田。

②耕中白盐潮土。耕中白盐潮土面积为 2 028 亩，占全县总面积 0.27%。典型剖面描述如下：

剖面地点：胡会乡水槽村河滩地，所处地形部位基本同耕轻白盐潮土，但海拔相对又比耕轻白盐潮土底，地下水位 1～2 米，土体湿润，有锈纹锈斑。自然植被以芦草、碱蓬等多见，种植作物目前以玉米、马铃薯豆类为主，缺苗常在 20%左右，亩产玉米一般在 300～500 千克，成土母质冲积物。剖面特征如下：

0～23 厘米：褐黄色，质地沙壤偏轻，疏松多孔，碎块结构，中量植物根系，润。

23～85 厘米：棕黄色，轻壤疏松中孔，块状结构，少量根，锈纹锈斑明显，潮润。

85～150 厘米：灰黄色，沙土较紧少孔，块状结构，少量根，锈纹锈斑明显，潮润。

全剖面石灰反应强烈。

剖面理化性状见表 3-15。

表 3-15　耕中白盐潮土的理化性状

土层深度（厘米）	有机质（克/千克）	全氮（克/千克）	全磷（克/千克）	pH	碳酸钙（克/千克）	代换量（me/百克土）	机械组成（%）		质地
							<0.01 毫米	<0.001 毫米	
0～23	8.5	0.41	0.47	8.8	66	6.4	19	81	沙壤偏轻
23～85	7.7	0.32	0.85	8.6	76	5.5	—	—	轻壤
85～150	5.2	0.25	0.45	9.2	71	4.5	—	—	沙壤

该土种土质沙性，水位高，土体湿，土性凉，通气差，保水肥性能差，肥力较低。近年来由于降水量有所减少，地下水大量采发，地下水位明显下降，土壤盐渍化程度明显降低，已逐步成为当地增产潜力比较大的土壤类型之一。今后要近一步加大增施有机肥料和

秸秆还田力度，进行必要的盐碱地综合治理工程，发展水浇地，实现渠、林、路综合配套，逐步成为高产高效农田。

第二节 有机质及大量元素

土壤大量元素背景值的表达方式以各统计单元养分汇总结果的算术平均值和标准差来表示，分别以单体 N、P、K 表示。单位：有机质、全氮用克/千克表示，有效磷、速效钾、缓效钾用毫克/千克表示。

土壤有机质、全氮、有效磷、速效钾等以“山西省耕地土壤养分含量分级参数表”为标准各分 6 个级别，见表 3-16。

表 3-16 山西省耕地地力土壤养分含量分级参数

级别	Ⅰ	Ⅱ	Ⅲ	Ⅳ	Ⅴ	Ⅵ
有机质（克/千克）	>25.00	20.01～25.00	15.01～20.00	10.01～15.00	5.01～10.00	≤5.00
全氮（克/千克）	>1.50	1.20～1.50	1.00～1.20	0.70～1.00	0.50～0.70	≤0.50
有效磷（毫克/千克）	>25.00	20.01～25.00	15.10～20.00	10.10～15.00	5.10～10.00	≤5.00
速效钾（毫克/千克）	>250.00	201.00～250.00	151.00～200.00	101.00～150.00	51.00～100.00	≤50.00
缓效钾（毫克/千克）	>1 200.00	901.00～1 200.00	601.00～900.00	351.00～600.00	151.00～350.00	≤150.00
阳离子代换量(厘摩尔/千克)	>20.00	15.01～20.00	12.01～15.00	10.01～12.00	8.01～10.00	≤8.00
有效铜（毫克/千克）	>2.00	1.51～2.00	1.01～1.51	0.51～1.00	0.21～0.50	≤0.20
有效锰（毫克/千克）	>30.00	20.01～30.00	15.01～20.00	5.01～15.00	1.01～5.00	≤1.00
有效锌（毫克/千克）	>3.00	1.51～3.00	1.01～1.50	0.51～1.00	0.31～0.50	≤0.30
有效铁（毫克/千克）	>20.00	15.01～20.00	10.01～15.00	5.01～10.00	2.51～5.00	≤2.50
有效硼（毫克/千克）	>2.00	1.51～2.00	1.01～1.50	0.51～1.00	0.21～0.50	≤0.20
有效钼（毫克/千克）	>0.30	0.26～0.30	0.21～0.25	0.16～0.20	0.11～0.15	≤0.10
有效硫（毫克/千克）	>200.00	100.10～200.00	50.10～100.00	25.10～50.00	12.10～25.00	≤12.00
有效硅（毫克/千克）	>250.00	200.10～250.00	150.10～200.00	100.10～150.00	50.10～100.00	≤50.00
交换性钙（克/千克）	>15.00	10.01～15.00	5.01～10.00	1.01～5.00	0.51～1.00	≤0.50
交换性镁（克/千克）	>1.00	0.76～1.00	0.51～0.75	0.31～0.50	0.06～0.30	≤0.05

一、含量与分布

（一）有机质

五寨县耕地土壤有机质含量变化为 1.0～37.79 克/千克，平均值为 10.58 克/千克，属四级水平。见表 3-17。

（1）不同行政区域：砚城镇平均值最高，为 13.22 克/千克；其次是前所乡，平均值为 11.9 克/千克；最低是三岔镇，平均值为 6.72 克/千克。

（2）不同地形部位：沟谷、梁、峁、坡（低山丘陵）平均值最高，为 11.19 克/千克；其次是河谷川地，平均值为 10.0 克/千克；最低是低山丘陵沟谷地，平均值为 7.66 克/千克。

（3）不同土壤类型：黄绵土最高，平均值为 19.38 克/千克；其次是栗褐土，平均值为 10.09 克/千克；潮土最低，平均值为 8.24 克/千克。

（二）全氮

五寨县土壤全氮含量变化范围为 0.11～1.80 克/千克；平均值为 0.66 克/千克，属五级水平。见表 3-17。

（1）不同行政区域：砚城镇平均值最高，为 0.69 克/千克；其次是前所乡，平均值为 0.62 克/千克；最低是三岔镇，平均值为 0.38 克/千克。

（2）不同地形部位：开阔河谷坪地，平均值最高，为 0.64 克/千克，其次冲、洪积扇前缘平均值为 0.60 克/千克；最低是低山丘陵沟谷地，平均值为 0.52 克/千克。

（3）不同土壤类型：黄绵土最高，平均值为 0.69 克/千克；其次是栗褐土，平均值为 0.57 毫克/千克；最低是潮土，平均值为 0.55 克/千克。

（三）有效磷

五寨县有效磷含量变化范围为 1.0～39.48 毫克/千克，平均值为 10.64 毫克/千克，属四级水平。见表 3-17。

（1）不同行政区域：孙家坪乡平均值最高，为 14.29 毫克/千克；其次是梁家坪，平均值为 11.51 毫克/千克；最低是韩家楼乡，平均值为 5.07 毫克/千克。

（2）不同地形部位：沟谷、梁、峁、坡平均值最高，为 10.48 毫克/千克；其次是冲、洪积扇前缘，平均值为 10.00 毫克/千克；最低是丘陵低山中、下部及坡麓平坦地，平均值为 6.54 毫克/千克。

（3）不同土壤类型：黄绵土平均值最高，为 18.59 毫克/千克；其次是潮土，平均值为 9.29 毫克/千克；最低是风沙土，平均值为 6.11 毫克/千克。

（四）速效钾

五寨县土壤速效钾含量变化为 31～288.2 毫克/千克，平均值为 119.26 毫克/千克，属四级水平。见表 3-17。

（1）不同行政区域：孙家坪乡最高，平均值为 170.9 毫克/千克；其次是杏岭子乡，平均值为 159.92 毫克/千克；最低是胡会庄乡，平均值为 99.04 毫克/千克。

（2）不同地形部位：河谷川地平均值最高，为 128.75 毫克/千克；其次是河流一级、二级阶地，平均值为 125.15 毫克/千克；最低是冲、洪积扇前缘，平均值为 70.60 毫克/千克。

（3）不同土壤类型：黄绵土最高，平均值为 143.49 毫克/千克；其次是潮土，平均值为 126.75 毫克/千克；最低是风沙土，平均值为 97.72 毫克/千克。

（五）缓效钾

五寨县土壤缓效钾变化范围 465.06～1 140.16 毫克/千克，平均值为 716.59 毫克/千克，属三级水平。见表 3-17。

（1）不同行政区域：孙家坪乡平均值最高，为 768.00 毫克/千克；其次是梁家坪乡、三岔镇，平均值为 766.00 毫克/千克；最低是砚城镇、杏岭子乡，平均值为 656.20 毫克/千克。

（2）不同地形部位：河流宽谷阶地最高，平均值为 803.81 毫克/千克；其次是河流一级、二级阶地，平均值为 771.47 毫克/千克；最低是冲、洪积扇前缘，平均值为 601 毫克/千克。

（3）不同土壤类型：黄绵土最高，平均值为 786.72 毫克/千克；其次是栗褐土，平均值为 728.51 毫克/千克；最低是潮土，平均值为 698.70 毫克/千克。

表 3-17　五寨县大田土壤大量元素分类统计结果

类别		有机质（克/千克）		全氮（克/千克）		有效磷（毫克/千克）		速效钾（毫克/千克）		缓效钾（毫克/千克）	
		平均值	区域值	平均值	区域值	平均值	区域值	平均值	区域值	平均值	区域值
行政区域	砚城镇	13.22	7.75～17.98	0.69	0.46～0.91	10.41	2.92～26.04	115.53	68.26～170.10	656.20	548.06～920.93
	东秀庄乡	7.50	1.11～18.43	0.43	0.16～0.98	5.83	1.24～33.69	105.70	50.08～268.72	577.60	448.46～840.16
	新寨乡	8.18	4.32～14.37	0.46	0.26～0.74	8.29	1.70～31.66	146.61	75.87～263.68	682.30	581.26～840.16
	前所乡	11.90	2.96～23.65	0.62	0.19～1.21	8.76	1.54～34.10	106.16	57.37～262.73	676.50	531.46～1 240.86
	李家坪乡	9.65	4.05～20.25	0.51	0.29～1.05	7.80	2.70～40.12	115.08	63.28～267.08	716.60	514.86～840.16
	小河头镇	7.66	2.96～14.35	0.44	0.19～0.77	5.87	1.56～26.60	115.02	42.24～311.3	763.82	531.46～920.93
	杏岭子乡	7.45	3.19～16.16	0.42	0.19～0.82	8.20	1.59～40.01	159.92	66.61～269.46	656.20	531.46～920.93
	孙家坪乡	9.85	3.19～14.56	0.52	0.19～0.74	14.29	4.59～38.14	170.94	97.52～269.15	768.00	597.86～1 060.44
	梁家坪乡	8.47	2.73～12.97	0.47	0.18～0.74	11.51	5.48～32.58	142.77	96.57～268.65	766.00	640.86～1 020.58
	三岔镇	6.72	1.91～10.26	0.38	0.16～0.56	7.94	1.53～37.42	132.17	57.65～269.87	766.00	564.66～980.72
	韩家楼乡	7.01	4.09～10.92	0.40	0.26～0.63	5.07	1.10～15.68	118.95	54.97～252.23	766.00	548.06～960.79
	胡会乡	8.93	5.34～15.48	0.48	0.33～0.82	5.70	3.17～17.60	99.04	39.48～206.00	763.82	564.66～899.95
	全县平均	10.58	1.00～37.79	0.66	0.11～1.80	10.64	1.00～39.48	119.26	31.00～288.20	716.59	465.06～1 140.16
土壤类型	潮土	8.24	6.66～8.97	0.55	0.53～0.57	9.29	4.20～14.06	126.75	70.60～154.27	698.70	581.26～760.44
	风沙土	9.25	7.32～16.00	0.56	0.38～1.07	6.11	3.94～9.72	97.72	73.87～110.80	724.08	620.93～860.09
	黄绵土	19.38	5.34～34.58	0.69	0.43～1.09	18.59	3.67～35.00	143.49	14.07～259.92	786.72	548.06～1 140.16
	栗褐土	10.09	4.11～34.58	0.57	0.28～1.30	9.15	2.34～35.66	104.31	11.31～240.20	728.51	465.06～1 060.44

（续）

类别		有机质（克/千克）		全氮（克/千克）		有效磷（毫克/千克）		速效钾（毫克/千克）		缓效钾（毫克/千克）	
		平均值	区域值	平均值	区域值	平均值	区域值	平均值	区域值	平均值	区域值
地形部位	冲、洪积扇前缘 DXBW001	9.96	9.96～9.96	0.60	0.48～0.76	10.00	10.00～10.00	70.60	70.60～70.60	601.00	601.00～601.00
	低山丘陵坡地 DXBW014	9.01	4.41～22.32	0.50	0.28～1.16	9.24	2.34～31.37	121.36	64.07～240.20	756.10	564.66～980.72
	沟谷、梁、峁、坡(低山丘陵)DXBW021	11.19	4.11～34.91	0.58	0.28～1.15	10.48	2.61～35.66	105.36	11.31～259.92	717.38	465.06～1 240.86
	沟谷地 DXBW022	7.66	6.66～9.63	0.52	0.45～0.58	7.08	3.94～10.76	97.73	80.40～133.67	623.56	465.06～680.72
	河流阶地 DXBW028	9.53	5.67～16.99	0.57	0.45～1.07	7.23	3.94～24.72	103.79	70.60～204.27	755.41	564.66～980.72
	河流宽谷阶地(河谷川地)DXBW029	10.00	5.00～26.33	0.62	0.31～1.30	9.29	5.00～19.39	128.75	83.67～240.20	803.81	700.65～960.79
	河流一级、二级阶地 DXBW030	9.48	6.33～18.31	0.53	0.33～0.88	8.70	3.67～18.40	125.15	77.14～220.60	771.47	581.26～960.79
	黄土垣、梁 DXBW039	8.33	6.00～12.65	0.52	0.31～0.68	7.01	2.87～24.39	110.50	73.87～230.40	710.43	514.86～901.00
	开阔河湖冲、沉积平原 DXBW042	8.00	6.00～10.34	0.64	0.55～0.78	6.86	4.73～12.08	97.51	70.60～120.60	680.62	564.66～920.93
	丘陵低山中、下部及坡麓平坦地 DXBW046	7.92	5.34～12.65	0.57	0.50～0.70	6.54	4.20～17.74	105.30	64.07～164.07	679.56	531.46～760.44
	山地、丘陵(中、下)部的缓坡地段，地面有一定坡度 DXBW047	9.12	4.70～19.30	0.56	0.35～0.98	7.57	2.87～23.73	95.94	64.07～177.14	663.05	448.46～860.14

二、分级论述

（一）有机质

Ⅰ级　有机质含量为大于25.0克/千克，面积为2.23万亩，占总耕地面积的2.99%。主要分布在前所乡、孙家坪乡和三岔镇，种植马铃薯、谷子、玉米、蔬菜等作物。

Ⅱ级　有机质含量为20.01～25.0克/千克，面积为0.91万亩，占总耕地面积的1.23%。仅零星分布在东秀庄乡、前所乡、孙家坪乡、三岔镇、韩家楼乡、胡会乡的部分村。种植马铃薯、谷子、玉米和蔬菜等作物。

Ⅲ级　有机质含量为15.01～20.0克/千克，面积为1.12万亩，占总耕地面积的1.51%。主要分布于孙家坪乡，除了新寨乡、李家坪乡、小河头镇、梁家坪乡外，其他乡（镇）有零星分布。目前种植马铃薯、谷子、玉米等作物。

Ⅳ级　有机质含量为10.01～15.0克/千克，面积为14.38万亩，占总耕地面积的19.31%。主要分布在砚城镇、杏岭子乡、梁家坪乡，其他乡（镇）均有大面积数分布。主要作物有马铃薯、谷子、玉米和蔬菜等。

Ⅴ级　有机质含量为5.01～10.0克/千克，面积为55.72万亩，占总耕地面积的74.83%。主要分布在新寨乡、李家坪乡和梁家坪乡，其他乡（镇）均有大面积分布。作物有马铃薯、谷子、玉米等。

Ⅵ级　有机质含量为≤5.0克/千克，面积为0.10万亩，占总耕地面积的0.13%。零星分布在新寨乡、杏岭子乡、东秀庄乡、三岔镇。主要作物有马铃薯、谷子、玉米等。

（二）全氮

Ⅰ级　全氮量大于1.5克/千克，全县无分布。

Ⅱ级　全氮含量为1.201～1.50克/千克，面积为0.03万亩，占总耕地面积的0.04%。全县仅零星分布在三岔镇，主要作物有马铃薯、谷子、玉米、蔬菜等。

Ⅲ级　全氮含量为1.001～1.2克/千克，面积为0.21万亩，占总耕地面积的0.28%。零星分布于砚城镇、孙家坪乡、三岔镇、韩家楼乡、胡会乡，主要作物有马铃薯、谷子、玉米、豆类、蔬菜等。

Ⅳ级　全氮含量为0.701～1.000克/千克，面积为2.85万亩，占总耕地面积的3.83%。主要分布在孙家坪乡，除东秀庄乡和新寨乡外的其他乡（镇）也有零星分布。主要种植作物有马铃薯、谷子、玉米、蔬菜等。

Ⅴ级　全氮含量为0.501～0.700克/千克，面积为60.03万亩，占总耕地面积的80.62%。主要分布在前所乡、李家坪乡、梁家坪乡，其他乡（镇）均有一定数量的分布。主要种植作物有马铃薯、谷子、玉米等。

Ⅵ级　全氮含量小于0.500克/千克，面积为11.34万亩，占总耕地面积的15.23%。主要分布在东秀庄乡、新寨乡、小河头镇，除前所乡、李家坪乡、孙家坪乡的其他乡（镇）也有广泛分布。主要种植作物有马铃薯、谷子、玉米等。

（三）有效磷

Ⅰ级　有效磷含量大于25.00克/千克。全县面积2.25万亩，占总耕地面积的

3.03%。主要分布在前所乡、孙家坪乡、韩家楼乡。主要种植作物有马铃薯、谷子、玉米和蔬菜等。

Ⅱ级　有效磷含量在20.1～25.00毫克/千克。全县面积1.43万亩，占总耕地面积的1.93%。主要分布在砚城镇、前所乡、韩家楼乡，孙家坪乡，梁家坪乡、三岔镇、小河头镇、东秀庄乡也有零星分布。主要种植作物有马铃薯、谷子、玉米和蔬菜等。

Ⅲ级　有效磷含量在15.1～20.0毫克/千克。全县面积3.44万亩，占总耕地面积的4.62%。除新寨乡、李家坪乡外，其他乡（镇）均有一定数量的分布。主要种植作物有马铃薯、谷子、玉米等。

Ⅳ级　有效磷含量在10.1～15.0毫克/千克。全县面积10.64万亩，占总耕地面积的14.28%。主要分布在胡会乡、前所乡，其他乡（镇）均有一定数量的分布。主要种植作物有马铃薯、谷子、玉米和蔬菜等。

Ⅴ级　有效磷含量在5.0～10.0毫克/千克。全县面积47.63万亩，占总耕地面积的63.96%。主要分布在新寨乡、胡会乡、李家坪乡，其他乡（镇）也有大面积分布。主要种植作物有马铃薯、谷子、玉米等。

Ⅵ级　有效磷含量小于5.0毫克/千克，全县面积9.07万亩，占总耕地面积的12.18%。主要分布在杏岭子乡、三岔镇、新寨乡、东秀庄乡、李家坪乡、小河头镇、韩家楼乡、胡会乡。主要种植作物有马铃薯、谷子、玉米等。

（四）速效钾

Ⅰ级　速效钾的含量大于250毫克/千克，全县面积0.05万亩，占总耕地面积的0.06%。仅前所乡有零星分布。主要种植作物有马铃薯、谷子、玉米等。

Ⅱ级　速效钾含量在201～250毫克/千克，全县面积0.54万亩，占总耕地面积的0.73%。主要分布在前所乡、三岔镇、韩家楼乡。主要种植作物有马铃薯、谷子、玉米等。

Ⅲ级　速效钾含量在151～200毫克/千克，全县面积3.61万亩，占总耕地面积的4.85%。主要分布在砚城镇、东秀庄乡、新寨乡、孙家坪乡、杏岭子乡，其他乡（镇）均有一定数量的分布。主要种植作物有马铃薯、谷子、玉米等。

Ⅳ级　速效钾含量在101～150毫克/千克，全县面积40.57万亩，占总耕地面积的54.48%。主要分布在李家坪乡、小河头镇、梁家坪乡，其他乡（镇）均有广泛分布。主要种植作物有马铃薯、谷子、玉米等。

Ⅴ级　速效钾含量在51～100毫克/千克，全县面积27.51万亩，占总耕地面积的36.95%。主要分布在东秀庄乡、李家坪乡、杏岭子乡，其他乡（镇）也大面积分布。主要种植作物有马铃薯、谷子、玉米等。

Ⅵ级　速效钾含量小于50毫克/千克，全县面积2.18万亩，占总耕地面积的2.92%。主要分布在东秀庄乡、杏岭子乡、孙家坪乡。主要种植作物有马铃薯、谷子、玉米等。

（五）缓效钾

Ⅰ级　缓效钾含量大于1 200毫克/千克，全县面积0.003万亩，占总耕地面积的0.004%。仅在前所乡有零星分布。主要种植作物有马铃薯、谷子、玉米等。

Ⅱ级　缓效钾含量在901～1 200毫克/千克，全县面积1.01万亩，占总耕地面积的1.35%。主要分布在前所乡、孙家坪乡、梁家坪乡，砚城镇、小河头镇、杏岭子乡、三岔镇、韩家楼乡也有零星分布。主要种植作物有马铃薯、谷子、玉米等。

Ⅲ级　缓效钾含量在601～900毫克/千克，全县面积67.33万亩，占总耕地面积的90.42%。主要分布在新寨乡、小河头镇、杏岭子乡、三岔镇、韩家楼乡，其他乡（镇）也有广泛分布。主要种植作物有马铃薯、谷子、玉米等。

Ⅳ级　缓效钾含量在351～600毫克/千克，全县面积6.12万亩，占总耕地面积的8.22%。主要分布在东秀庄乡，除梁家坪乡外的其他乡（镇）均有一定数量的分布。主要种植作物有马铃薯、谷子、玉米等。

Ⅴ级　缓效钾含量为151～350毫克/千克，全县无分布。

Ⅵ级　缓效钾含量小于等于150毫克/千克，全县无分布。

五寨县耕地土壤大量元素分级面积见表3-18。

表3-18　五寨县耕地土壤大量元素分级面积

类别		Ⅰ		Ⅱ		Ⅲ		Ⅳ		Ⅴ		Ⅵ	
		百分比（%）	面积（万亩）	百分比（%）	面积（万亩）	百分比（%）	面积（万亩）	百分比（%）	面积（万亩）	百分比（%）	面积（万亩）	百分比（%）	面积（万亩）
耕地土壤	有机质	2.99	2.23	1.23	0.92	1.51	1.12	19.31	14.38	74.83	55.72	0.13	0.10
	全氮	0	0	0.04	0.03	0.28	0.21	3.83	2.85	80.62	60.03	15.23	11.34
	有效磷	0.06	0.05	0.73	0.54	4.85	3.61	54.48	40.57	36.95	27.51	2.92	2.18
	速效钾	3.03	2.25	1.93	1.43	4.62	3.44	14.28	10.64	63.96	47.63	12.18	9.07
	缓效钾	0.005	0.003	1.35	1.01	90.42	67.33	8.22	6.12	0	0	0	0

第三节　中量元素

中量元素背景值的表达方式以各统计单元养分汇总结果的算术平均值和标准差来表示。以单体S表示，单位用毫克/千克来表示。

由于有效硫目前全国范围内仅有酸性土壤临界值，而全县土壤属石灰性土壤，没有临界值标准。因而只能根据养分分量的具体情况进行级别划分，分6个级别，见表3-19。

一、含量与分布

五寨县土壤有效硫变化范围为6.72～153.38毫克/千克，平均值为55.41毫克/千克，属三级水平。见表3-19。

（1）不同行政区域：孙家坪乡最高，平均值为81.22毫克/千克；其次是新寨乡，平均值为80.08毫克/千克；最低是李家坪乡，平均值为34.38毫克/千克。

（2）不同地形部位：山地、丘陵（中、下）部的缓坡地段，地面有一定的坡度最高，平均值为44.61毫克/千克；其次是河流宽谷阶地，平均值为42.28毫克/千克；最低是开阔河湖冲、沉积平原，平均值为18.75毫克/千克。

（3）不同土壤类型：黄绵土最高，平均值为61.23毫克/千克；其次是栗褐土，平均值为34.23毫克/千克；最低是潮土，平均值为14.56毫克/千克。

表3-19　五寨县耕地土壤中量元素硫分类统计结果

单位：毫克/千克

类别		有效硫	
		平均值	区域值
行政区域	东秀庄乡	76.19	18.98～133.40
	韩家楼乡	37.38	14.68～60.08
	胡会乡	58.21	9.65～106.76
	李家坪乡	34.38	12.00～56.75
	梁家坪乡	40.05	6.72～73.39
	前所乡	51.79	10.24～93.35
	三岔镇	74.56	9.07～140.06
	孙家坪乡	81.22	9.07～153.38
	小河头镇	41.03	12.00～70.06
	新寨乡	80.08	26.76～133.40
	杏岭子乡	40.93	8.48～73.39
	砚城镇	49.08	18.12～80.04
土壤类型	潮土	14.56	12.00～16.40
	风沙土	16.43	10.83～23.28
	黄绵土	61.23	19.84～153.38
	栗褐土	34.23	22.42～83.37
地形部位	冲、洪积扇前缘 DXBW001	40.04	40.04～40.04
	低山丘陵坡地 DXBW014	29.75	9.07～96.67
	沟谷、梁、峁、坡 DXBW021	35.32	6.72～153.38
	沟谷地 DXBW022	35.41	28.42～53.43
	河流阶地 DXBW028	33.20	10.24～80.04
	河流宽谷阶地 DXBW029	42.28	30.08～140.06
	河流一级、二级阶地 DXBW030	27.71	14.68～53.43
	黄土垣、梁 DXBW039	36.54	12.96～80.04
	开阔河湖冲、沉积平原 DXBW042	18.75	12.96～63.41
	丘陵低山中、下部及坡麓平坦地 DXBW046	20.94	9.65～66.73
	山地、丘陵（中、下）部的缓坡地段，地面有一定坡度 DXBW047	44.61	11.41～133.40

二、分级论述

按照山西省耕地地力养分分级标准，将有效硫分为6级。

Ⅰ级　有效硫含量大于200.0毫克/千克，全县无分布。

Ⅱ级　有效硫含量100.1～200.0毫克/千克，全县面积为1.14万亩，占总耕地面积的1.52%。在胡会乡、三岔镇、孙家坪乡、新寨乡有零星分布。主要种植作物有马铃薯、谷子、玉米等。

Ⅲ级　有效硫含量50.1～100.0毫克/千克，全县面积为6.53万亩，占总耕地面积的8.77%。主要分布在东秀庄乡、胡会乡、韩家楼乡、李家坪乡、梁家坪乡、三岔镇，其他乡（镇）也均有一定数量分布。主要种植作物有马铃薯、谷子、玉米等。

Ⅳ级　有效硫含量在25.1～50.0毫克/千克，全县面积为40.03万亩，占总耕地面积的53.77%。全县均有大面积分布。主要种植作物有马铃薯、谷子、玉米等。

Ⅴ级　有效硫含量12.1～25.0毫克/千克，全县面积为26.06万亩，占总耕地面积的34.99%。除新寨乡外其他乡（镇）均有大面积分布。主要种植作物有马铃薯、谷子、玉米等。

Ⅵ级　有效硫含量小于等于12.0毫克/千克，全县面积为0.70万亩，占总耕地面积的0.95%。在胡会乡、梁家坪乡、前所乡、三岔镇、孙家坪乡、杏岭子乡有零星分布。主要种植作物有马铃薯、谷子、玉米等。

五寨县耕地土壤中量元素有效硫分级面积见表3-20。

表3-20　五寨县耕地土壤中量元素有效硫分级面积

类别	Ⅰ		Ⅱ		Ⅲ		Ⅳ		Ⅴ		Ⅵ	
	百分比（%）	面积（万亩）	百分比（%）	面积（万亩）	百分比（%）	面积（万亩）	百分比（%）	面积（万亩）	百分比（%）	面积（万亩）	百分比（%）	面积（万亩）
耕地土壤	0	0	1.52	1.14	8.77	6.53	53.77	40.03	34.99	26.06	0.95	0.70

第四节　微量元素

土壤微量元素背景值的表达方式以各统计单元养分汇总结果的算术平均值和标准差来表示，分别以单体铜、锌、铁、锰、硼表示。表示单位为毫克/千克。

土壤微量元素参照全省第二次土壤普查的标准，结合五寨县土壤养分含量状况重新进行划分，各分6个级别。

一、含量与分布

（一）有效铜

五寨县土壤有效铜含量变化范围为0.50～2.66毫克/千克，平均值1.06毫克/千克，属三级水平。见表 3-21。

（1）不同行政区域：三岔镇和韩家楼乡平均值最高，为 1.85 毫克/千克；其次是小河头镇，平均值为 1.06 毫克/千克；最低是东秀庄乡，平均值为 0.77 毫克/千克。

（2）不同地形部位：河流宽谷阶地最高，平均值 1.15 毫克/千克；其次是低山丘陵坡地，平均值为 1.06 毫克/千克；最低是冲、洪积扇前缘，平均值为 0.74 毫克/千克。

（3）不同土壤类型：黄绵土最高，平均值为 1.34 毫克/千克；其次是栗褐土，平均值为 1.02 毫克/千克；最低是风沙土，平均值为 0.93 毫克/千克。

（二）有效锌

五寨县土壤有效锌含量变化范围为 0.12～3.34 毫克/千克，平均值为 0.79 毫克/千克，属四级水平。表 3-21。

（1）不同行政区域：孙家坪乡平均值最高，为 1.204 毫克/千克；其次是梁家坪乡，平均值为 1.20 毫克/千克；最低是新寨乡，平均值为 0.35 毫克/千克。

（2）不同地形部位：河流宽谷阶地平均值最高，为 1.15 毫克/千克；其次是开阔河湖冲、沉积平原，平均值为 0.84 毫克/千克；最低是冲、洪积扇前缘，平均值为 0.34 毫克/千克。

（3）不同土壤类型：黄绵土最高，平均值为 1.16 毫克/千克；其次是潮土，平均值为 1.14 毫克/千克；最低是栗褐土，平均值为 0.65 毫克/千克。

（三）有效锰

五寨县土壤有效锰含量变化范围为 3.11～20.68 毫克/千克，平均值为 7.12 毫克/千克，属四级水平。表 3-21。

（1）不同行政区域：孙家坪乡平均值最高，为 8.93 毫克/千克；其次是梁家坪乡，平均值为 8.927 毫克/千克；最低是东秀庄乡，平均值为 4.72 毫克/千克。

（2）不同地形部位：丘陵低山中、下部及坡麓平坦地最高，平均值为 8.79 毫克/千克；其次是开阔河湖冲、沉积平原，平均值为 8.36 毫克/千克；最低是低山丘陵坡地，平均值为 6.10 毫克/千克。

（3）不同土壤类型：黄绵土最高，平均值为 11.20 毫克/千克；其次是风沙土，平均值为 9.30 毫克/千克；最低是栗褐土，平均值为 7.45 毫克/千克。

（四）有效铁

五寨县土壤有效铁含量变化范围为 2.23～27.14 毫克/千克，平均值为 6.02 毫克/千克，属四级水平。表 3-21。

（1）不同行政区域：李家坪乡平均值最高，为 8.15 毫克/千克；其次是前所乡，平均值为 8.02 毫克/千克；最低是东秀庄乡，平均值为 4.56 毫克/千克。

（2）不同地形部位：丘陵低山中、下部及坡麓平坦地最高，平均值为 7.56 毫克/千克；其次是河流阶地，平均值为 7.27 毫克/千克；最低是河流一级、二级阶地，平均值为 4.09 毫克/千克。

（3）不同土壤类型：黄绵土最高，平均值为 14.20 毫克/千克；其次是潮土，平均值为 9.08 毫克/千克；最低是栗褐土，平均值为 5.96 毫克/千克。

表 3-21　五寨县耕地土壤微量元素分类统计结果

单位:毫克/千克

类别		有效铜		有效锰		有效锌		有效铁		有效硼	
		平均值	区域值	平均值	区域值	平均值	区域值	平均值	区域值	平均值	区域值
行政区域	东秀庄乡	0.77	0.58～1.21	4.72	3.91～16.01	0.43	0.20～1.61	4.56	3.17～12.68	0.42	0.09～0.74
	韩家楼乡	1.85	0.84～1.50	5.87	3.11～10.34	0.66	0.32～2.11	5.87	2.24～6.67	0.42	0.04～0.80
	胡会乡	1.06	0.54～1.43	8.68	6.34～11.67	0.82	0.36～1.04	5.87	4.34～14.00	0.23	0.04～0.42
	李家坪乡	1.00	0.50～1.17	8.68	5.68～10.34	0.82	0.61～1.34	8.15	3.51～12.00	0.31	0.08～0.54
	梁家坪乡	0.82	0.77～2.17	8.927	6.34～11.67	1.204	0.45～2.01	5.87	3.34～9.67	0.24	0.07～0.40
	前所乡	0.90	0.42～2.66	7.78	5.68～20.68	1.11	0.49～3.34	8.02	4.17～27.14	1.04	0.04～2.04
	三岔镇	1.85	0.67～2.33	5.87	3.11～13.00	0.66	0.23～2.21	5.87	2.39～10.68	0.97	0.04～1.90
	孙家坪乡	0.82	0.67～2.17	8.93	5.68～15.68	1.204	0.42～1.61	5.87	3.17～20.00	0.58	0.16～1.00
	小河头镇	1.06	0.67～1.58	8.68	4.97～11.00	0.82	0.32～1.91	5.87	4.00～12.01	0.27	0.09～0.44
	新寨乡	0.80	0.58～1.34	4.90	4.44～12.34	0.35	0.13～0.77	4.76	3.51～8.67	0.32	0.09～0.54
	杏岭子乡	0.90	0.61～1.27	4.91	3.91～13.00	0.36	0.12～1.24	4.51	3.17～8.67	0.34	0.07～0.61
	砚城镇	0.88	0.54～1.80	7.54	3.91～11.67	1.00	0.31～2.21	7.07	4.17～13.67	0.56	0.13～1.00
土壤类型	潮土	0.97	0.84～1.37	9.01	7.67～9.67	1.14	0.64～1.91	9.08	6.01～12.01	0.14	0.09～0.21
	风沙土	0.93	0.61～1.30	9.30	7.01～10.34	0.70	0.36～1.11	8.56	5.68～12.67	0.13	0.04～0.31
	黄绵土	1.34	0.67～2.66	11.20	5.68～18.34	1.16	0.36～3.34	14.2	4.00～25.67	0.63	0.20～2.04
	栗褐土	1.02	0.42～2.34	7.45	3.11～16.01	0.65	0.12～2.21	5.96	2.50～20.00	0.30	0.04～1.11

（续）

类别		有效铜		有效锰		有效锌		有效铁		有效硼	
		平均值	区域值	平均值	区域值	平均值	区域值	平均值	区域值	平均值	区域值
地形部位	冲、洪积扇前缘 DXBW001	0.74	0.74～0.74	6.34	6.34～6.34	0.34	0.34～0.34	5.34	5.34～5.34	0.42	0.42～0.42
	低山丘陵坡地 DXBW014	1.06	0.74～2.32	6.10	3.11～13.00	0.68	0.36～2.11	4.49	2.39～10.68	0.33	0.04～1.90
	沟谷、梁、峁、坡 DXBW021	1.04	0.50～2.66	7.66	3.91～20.68	0.63	0.12～2.21	6.61	2.24～27.14	0.31	0.04～2.04
	沟谷地 DXBW022	0.84	0.74～0.93	7.00	4.71～9.01	0.38	0.30～0.61	5.66	4.50～6.67	0.24	0.18～0.38
	河流阶地 DXBW028	0.97	0.42～2.24	8.14	4.44～12.34	0.72	0.21～2.21	7.27	3.51～15.00	0.30	0.04～1.11
	河流宽谷阶地 DXBW029	1.15	0.90～1.58	7.17	4.97～10.34	1.15	0.71～2.21	4.77	2.84～7.67	0.38	0.14～0.58
	河流一级、二级阶地 DXBW030	1.05	0.87～1.51	7.01	4.18～13.67	0.63	0.36～1.14	4.09	2.50～9.00	0.26	0.08～0.61
	黄土垣、梁 DXBW039	0.95	0.58～1.43	7.11	4.18～13.67	0.59	0.13～2.11	5.58	3.17～13.67	0.28	0.09～0.74
	开阔河湖冲、沉积平原 DXBW042	0.98	0.67～1.64	8.36	7.07～10.34	0.84	0.61～1.40	6.78	3.51～12.67	0.15	0.08～0.58
	丘陵低山中、下部及坡麓平坦地 DXBW046	0.92	0.74～1.37	8.79	3.91～16.01	0.74	0.35～1.91	7.56	4.17～12.67	0.15	0.08～0.51
	山地、丘陵（中、下）部的缓坡地段，地面有一定的坡度 DXBW047	0.91	0.58～1.64	7.10	4.18～13.67	0.52	0.25～1.40	5.54	3.01～9.33	0.27	0.09～0.74

（五）有效硼

五寨县土壤有效硼含量变化范围为0.044～2.04毫克/千克，平均值为0.48毫克/千克，属五级水平。表3-21。

（1）不同行政区域：前所乡平均值最高，为1.04毫克/千克；其次是三岔镇，平均值为0.97毫克/千克；最低是胡会乡，平均值为0.23毫克/千克。

（2）不同地形部位：冲、洪积扇前缘平均值最高，为0.42毫克/千克；其次是河流宽谷阶地，平均值为0.38毫克/千克；最低是开阔河湖冲、沉积平原，平均值为0.15毫克/千克。

（3）不同土壤类型：黄绵土最高，平均值为0.63毫克/千克；其次是栗褐土，平均值为0.30毫克/千克；最低是风沙土，平均值为0.13毫克/千克。

二、分级论述

微量元素铜、锌、铁、锰、硼在土壤中含量划分为6个级别，各级别面积及分布见表3-22。

（一）有效铜

Ⅰ级　有效铜含量大于2.00毫克/千克，全县面积0.15万亩，占总耕地面积的0.20%。主要分布在梁家坪乡、前所乡、三岔镇、孙家坪乡。种植作物有马铃薯、谷子、玉米等。

Ⅱ级　有效铜含量在1.51～2.00毫克/千克，全县面积0.92万亩，占总耕地面积的0.24%。主要分布在梁家坪乡、前所乡、三岔镇、孙家坪乡，在砚城镇、小河头镇也有零星分布。种植作物有马铃薯、谷子、玉米等。

Ⅲ级　有效铜含量在1.01～1.50毫克/千克，全县面积37.17万亩，占总耕地面积的49.92%。全县各乡（镇）均有大面积分布。种植作物有马铃薯、谷子、玉米等。

Ⅳ级　有效铜含量为0.51～1.00毫克/千克，全县面积36.21万亩，占总耕地面积的48.63%。主要分布前所乡、三岔镇、韩家楼乡、砚城镇，其他乡（镇）也均有广泛的分布。种植作物有马铃薯、谷子、玉米等。

Ⅴ级　有效铜含量为0.21～0.50毫克/千克，全县面积0.002万亩，占总耕地面积的0.003%。仅前所乡有零星分布。种植作物有马铃薯、谷子、玉米等。

Ⅵ级　有效铜含量为小于等于0.20毫克/千克，全县无分布。

（二）有效锰

Ⅰ级　有效锰含量在大于30.00毫克/千克，全县无分布。

Ⅱ级　有效锰含量在20.01～30.00毫克/千克，全县分布面积0.004万亩，占总耕地面积的0.004%。仅前所乡有零星分布。种植作物马铃薯、谷子、玉米、蔬菜等。

Ⅲ级　有效锰含量在15.01～20.00毫克/千克，全县分布面积0.17万亩，占总耕地面积的0.22%，主要分布于前所乡、东秀庄乡、孙家坪乡。种植作物有马铃薯、谷子、玉米、蔬菜等。

Ⅳ级　有效锰含量在5.01～15.01毫克/千克，全县分布面积65.99万亩，占总耕地面积的88.62%。全县均有大面积分布。种植作物有马铃薯、谷子、玉米等。

Ⅴ级　有效锰含量在1.01～5.00毫克/千克，全县面积8.30万亩，占总耕地面积的11.15%。主要分布于除胡会乡、李家坪乡、梁家坪乡、前所乡、孙家坪乡外的其他乡（镇）均有一定数量的分布。种植作物有马铃薯、谷子、玉米等。

Ⅵ级　有效锰含量小于等于1.00毫克/千克，全县无分布。

（三）有效锌

Ⅰ级　有效锌含量大于3.00毫克/千克，全县面积0.01万亩，占总耕地面积的0.02%。零星分布在前所乡，种植作物有马铃薯、谷子、玉米和蔬菜等。

Ⅱ级　有效锌含量在1.51～3.00毫克/千克，全县面积0.69万亩，占总耕地面积的0.93%。零星分布在前所乡、东秀庄乡、韩家楼乡、梁家坪乡、三岔镇、孙家坪乡、小河头镇、砚城镇。种植作物有马铃薯、谷子、玉米、蔬菜等。

Ⅲ级　有效锌含量在1.01～1.50毫克/千克，全县面积6.00万亩，占总耕地面积的8.06%。除新寨乡外的其他乡（镇）均有一定数量的分布。种植作物有马铃薯、谷子、玉米、蔬菜等。

Ⅳ级　有效锌含量在0.51～1.00毫克/千克，全县分布面积44.65万亩，占总耕地面积的59.96%。全县各乡（镇）均有大面积分布。种植作物有马铃薯、谷子、玉米等。

Ⅴ级　有效锌含量在0.31～0.5毫克/千克，全县分布面积20.33万亩，占总耕地面积的27.31%。除李家坪乡外的其他乡（镇）均有大面积分布。种植作物有马铃薯、谷子、玉米等。

Ⅵ级　有效锌含量小于等于0.30毫克/千克，全县面积2.77万亩，占总耕地面积的3.71%。在东秀庄乡、韩家楼乡、三岔镇、新寨乡、杏岭子乡有一定数量的分布。种植作物有马铃薯、谷子、玉米等。

（四）有效铁

Ⅰ级　有效铁含量大于20.00毫克/千克，全县面积0.13万亩，占总耕地面积的0.17%，零星分布在前所乡，种植作物有马铃薯、谷子、玉米和蔬菜等。

Ⅱ级　有效铁含量在15.01～20.00毫克/千克，全县面积0.63万亩，占总耕地面积的0.85%，零星分布在前所乡、孙家坪乡。种植作物有马铃薯、谷子、玉米和蔬菜等。

Ⅲ级　有效铁含量在10.01～15.00毫克/千克，全县面积4.03万亩，占总耕地面积的5.42%，东秀庄乡、胡会乡、李家坪乡、前所乡、三岔镇、孙家坪乡、小河头镇、砚城镇均有一定数量的分布。种植作物有马铃薯、谷子、玉米和蔬菜等。

Ⅳ级　有效铁含量在5.01～10.00毫克/千克，全县面积44.73万亩，占总耕地面积的60.07%。全县各乡（镇）均有大面积分布。种植作物有马铃薯、谷子、玉米等。

Ⅴ级　有效铁含量在2.51～5.00毫克/千克，全县面积24.91万亩，占总耕地面积的33.45%。全县各乡（镇）均有大面积分布。种植作物有马铃薯、谷子、玉米等。

Ⅵ级　有效铁含量小于等于2.5毫克/千克，全县面积0.03万亩，占总耕地面积的0.04%。零星分布在韩家楼乡、三岔镇。种植作物有马铃薯、谷子、玉米等。

（五）有效硼

Ⅰ级　有效硼含量大于2.00毫克/千克，全县面积0.002万亩，占总耕地面积的

0.003%，仅在前所乡有零星分布。种植作物有马铃薯、谷子、玉米等。

Ⅱ级　有效硼含量在1.51～2.00毫克/千克，全县面积0.05万亩，占总耕地面积0.07%。仅在前所乡、三岔镇有零星分布。种植作物有马铃薯、谷子、玉米等。

Ⅲ级　有效硼含量在1.01～1.50毫克/千克，全县面积0.16万亩，占总耕地面积的0.22%，零星分布于前所乡、三岔镇。种植作物有马铃薯、谷子、玉米等。

Ⅳ级　有效硼含量在0.51～1.00毫克/千克，全县面积3.47万亩，占总耕地面积的4.66%。除梁家坪乡、小河头镇、胡会乡外其他乡（镇）均有一定数量的分布。种植作物有马铃薯、谷子、玉米和蔬菜等。

Ⅴ级　有效硼含量在0.21～0.50毫克/千克，全县面积48.20万亩，占总耕地面积的64.73%。全县各乡（镇）均有大面积分布。种植作物有马铃薯、谷子、玉米等。

Ⅵ级　有效硼含量小于等于0.20毫克/千克，全县面积22.58万亩，占总耕地面积的30.32%。全县各乡（镇）均有大面积分布。种植作物有马铃薯、谷子、玉米等。

（六）有效钼

Ⅰ级　有效钼含量大于0.30毫克/千克，全县分布面积74.46万亩，占总耕地面积的100.00%。全县各乡（镇）均有广泛分布。种植作物有马铃薯、谷子、玉米等。

Ⅱ级　有效钼含量在0.26～0.30毫克/千克，全县无分布。

Ⅲ级　有效钼含量在0.21～0.25毫克/千克，全县无分布。

Ⅳ级　有效钼含量在0.16～2.00毫克/千克，全县无分布。

Ⅴ级　有效钼含量在0.11～0.15毫克/千克，全县无分布。

Ⅵ级　有效钼含量小于等于0.10毫克/千克，全县无分布。

表3-22　五寨县耕地土壤微量元素分级面积

类别		Ⅰ		Ⅱ		Ⅲ		Ⅳ		Ⅴ		Ⅵ	
		百分比（%）	面积（万亩）	百分比（%）	面积（万亩）	百分比（%）	面积（万亩）	百分比（%）	面积（万亩）	百分比（%）	面积（万亩）	百分比（%）	面积（万亩）
耕地土壤	有效铜	0.20	0.15	1.24	0.92	49.92	37.17	48.63	36.21	0.003	0.002	0	0
	有效锰	0	0	0.005	0.004	0.22	0.17	88.62	65.99	11.15	8.30	0	0
	有效锌	0.02	0.01	0.93	0.69	8.06	6.00	59.96	44.65	27.31	20.33	3.71	2.77
	有效铁	0.17	0.13	0.85	0.63	5.42	4.03	60.07	44.73	33.45	24.91	0.04	0.03
	有效硼	0.003	0.002	0.07	0.05	0.22	0.16	4.66	3.47	64.73	48.20	30.32	22.58
	有效钼	100.00	74.46	0	0	0	0	0	0	0	0	0	0

第五节　其他理化性状

一、土壤pH

五寨县耕地土壤pH变化范围为7.81～8.7，平均值为8.25。

（1）不同行政区域：砚城镇pH平均值最高为8.44；其次是李家坪乡，pH平均值为

8.32；最低是小河头镇，pH 平均值为 8.09。

（2）不同地形部位：丘陵低山中、下部及坡麓平坦地平均值最高，pH 为 8.43；其次是丘陵低山梁峁地，pH 平均值为 8.39；最低是沟谷地，pH 平均值为 8.12。

（3）不同土壤类型：潮土最高，pH 平均值为 8.80；其次是风沙土，pH 平均值为 8.45；最低是栗褐土，pH 平均值为 8.19。见表 4-23。

二、土壤容重

土壤容重又称一般比重，系指单位体积内干燥土壤的重量与同体积水重之比，单位以克/立方厘米或用不名数表示。一般来说，容重小的土壤，土粒排列较松，表明土质疏松，结构性较好。反之，则土体紧实，结构性较差。

五寨县耕地土壤容重变化范围为 1.17～1.34 克/立方厘米，平均值为 1.25 克/立方厘米，见表 3-23。

从数值上看，五寨县耕作土壤的容重是较为适宜的，这是由于耕作土壤发育在黄土母质上的缘故（黄土母质本身就具有疏松多孔容重较低的特点），而并不是因为土壤有机质含量较高所影响的。

（1）不同行政区域：三岔镇平均值最高，为 1.34 克/立方厘米；其次是韩家楼乡，平均值为 1.31 克/立方厘米；最低是砚城镇，平均值为 1.17 克/立方厘米。

（2）不同地形部位：黄土丘陵梁峁地最高，平均值为 1.26 克/立方厘米；其次是沟谷地，平均值为 1.25 克/立方厘米；谷川地最低，平均值为 1.19 克/立方厘米。

（3）不同母质：红黄土平均值最高，为 1.38 克/立方厘米；其次是风积物、冲积物，平均值为 1.31 克/立方厘米；最低是黄土母质，平均值为 1.19 克/立方厘米。

（4）不同土壤类型：风沙土最高，平均值为 1.29 克/立方厘米；其次是黄绵土，平均值为 1.27 克/立方厘米；潮土最低，平均值为 1.214 克/立方厘米。

表 3-23　五寨县耕地土壤 pH 和容重平均值分类统计结果

类　别		pH	容重（克/立方米）
行政区域	东秀庄乡	8.24	1.28
	韩家楼乡	8.25	1.31
	胡会乡	8.16	1.24
	李家坪乡	8.32	1.22
	梁家坪乡	8.22	1.23
	三岔镇	8.26	1.34
	前所乡	8.31	1.19
	孙家坪乡	8.30	1.21
	小河头镇	8.09	1.24
	新寨乡	8.22	1.25
	杏岭子乡	8.22	1.24
	砚城镇	8.44	1.17

（续）

类别		pH	容重（克/立方米）
地形部位	黄土垣梁	8.39	1.26
	黄土丘陵中、下部坡地	8.43	1.21
	沟谷地	8.12	1.25
	河谷川地	8.32	1.19
土壤母质	冲积物母质	8.59	1.31
	风积物母质	8.45	1.31
	黄土母质	8.39	1.23
	红黄土母质	7.9	1.38
	黄土状母质	8.15	1.19
	洪积物母质	8.36	1.25
土壤类型	栗褐土	8.19	1.23
	黄绵土	8.44	1.27
	风沙土	8.45	1.29
	潮土	8.8	1.21

三、土壤质地

土壤质地是土壤的重要物理性质之一，不同的质地对土壤肥力高低、耕性好坏、生产性能的优劣具有很大影响。

土壤质地也称土壤机械组成，指不同粒径在土壤中占有的比例组合。根据卡庆斯基质地分类，粒径大于0.01毫米为物理性沙粒，小于0.01毫米为物理性黏粒。根据其沙黏含量及其比例，主要可分为沙土、沙壤、轻壤、中壤、重壤、黏土6级。

由于土壤质地主要决定于成土母质和土壤发育程度，所以，五寨县的土壤质地概况是：发育于石灰岩质、沙页岩质、黄土质、淤垫物、淤积物和风积物母质上的土壤，其质地主要为沙壤，其次是轻壤；发育于红土质、红黄土质上的土壤，其质地为中壤，而且，通体质地均匀一致，绝大部分土壤各层质地相差一般不超过一级。

五寨县耕层土壤质地80%以上为轻壤土，中壤、沙壤、沙土与黏土面积很少，见表3-24。

表3-24　五寨县土壤耕层质地概况

耕层质地类型	面积（亩）	百分比（%）
松沙土 ZDLB001	5 797.64	0.78
紧沙土 ZDLB002	49 471.48	6.64
沙壤土 ZDLB003	105 783.69	14.21

（续）

耕层质地类型	面积（亩）	百分比（%）
轻壤土 ZDLB004	458 771.49	61.61
中壤土 ZDLB005	57 403.17	7.71
轻黏土 ZDLB007	15 691.18	2.11
中黏土 ZDLB008	51 681.24	6.94
合计	744 599.90	100

从表 3－24 可知，五寨县轻壤土面积居首位，中壤、轻壤二者占到全县总面积的 69.32%。这两种土俗称夹土，为壤质土。这类土壤分布于丘陵中下部、沟坪地及河谷阶地，主要是淡栗褐土亚类的部分土壤。物理性沙粒大于 55%，物理性黏粒小于 45%。其主要特性是：沙黏适中，大小孔隙比例适当，通透性好，保水保肥，土性温和，养分含量丰富，有机质分解快，供肥性好，耕作方便，宜耕期长，通耕期早，耕作质量好，发小苗也发老苗。因此，一般壤质土水、肥、气、热比较协调，从质地上看，是农业上较为理想的土壤。

沙壤土和松沙土占全县耕地总面积的 14.99%，这两种土俗称沙土，为沙质土。多分布于丘陵一级阶地及部分沟坝地上，主要是潮土类、黄绵土类及栗褐土类的部分土壤，其物理性沙粒高达 80%以上。沙质土的特性是：含沙粒较多，土粒间孔隙大，中孔隙小，毛管作用弱，保水保肥能力差，供肥性差，但通透性良好，耕作阻力小，疏松易耕，耕作质量高。沙质土热容量小，易增温也易降温，早春土温回升块，故为热性土，利于幼苗生长。但由于通气过盛，抗旱力弱，养分分解快，且易淋失，肥效持续时间短，所以后期易脱肥，前劲强后劲弱，发小苗不发老苗。

根据沙质土的特性，在施肥时，应采取“少量多次”的办法，并注意中后期追肥，同时，应增施黏性冷性的农家肥；在田间管理过程中，要加强抗旱保墒措施，减少土壤水分蒸发；在作物分布上，由于沙质土昼夜温差大，利于淀粉糖分的积累，所以宜于种植薯类、瓜类等作物；在改良上，主要是增施农家肥，特别是秸秆肥；有条件的村庄可以搞引洪淤灌或掺黏治沙。

黏质土包括重壤和黏土（俗称胶泥土），在五寨县只有大瓣红土 1 个土种，面积很小，占全县耕地总面积的 9.05%。其土壤物理性黏粒（<0.01 毫米）高达 45%以上，土壤黏重致密，难耕作，易耕期短，保肥性强，养分含量高，但易板结，通透性能差。土体冷凉坷垃多，不养小苗，易发老苗。

四、土体构型

土体构型是指整个土体各层次质地排列组合情况。它对土壤水、肥、气、热等各个肥力因素有制约和调节作用，特别对土壤水、肥储藏与流失有较大影响。因此，良好的土体构型是土壤肥力的基础。

根据土体厚薄和质地，五寨县土壤的土体构型可概括为以下 3 个类型。

1. 薄层型 薄层型分为 2 种。

(1) 山地薄层型：这类土壤发育于石灰岩质和沙页岩母质上，主要分布于前所乡经堂寺。

(2) 河川薄层型：面积很小。薄层型土壤的共同特点是土体很薄，且不同程度地夹有砾石，保水、保肥能力弱，供水、供肥能力差，土壤温度变化大，水、肥、气、热状况不协调。为此，对于农业利用少的山地薄层型土壤，应保护好自然植被，以控制水土流失；河川薄层型土壤大部分为农业利用，可因地制宜地采用引洪淤灌，人工堆垫等办法，逐步加厚土层。

2. 通体型 通体型分为 3 个类型。

(1) 通体沙质型：分布于一级阶地、丘陵（中、上）部、丘陵沟壑及河谷阶地和沟坪地等部位。前者发育在河流冲击物母质上，后者主要发育在淤积和堆积物母质上，部分丘陵上部的沙质型土壤，则发育在风积物母质上。通体沙质型土壤土体深厚，层次分化不明显，上下质地均匀，但土温变化大，水、肥、气、热不够协调，该土易漏水漏肥，保肥性差，在施肥浇水上应小畦节浇，少吃多餐，是一种构型较差的土壤，应分别情况采取改良措施。

(2) 通体壤质型：分布在丘陵（中、下）部、低山下部、沟平地和河谷阶地，主要发育于黄土母质上。这类土壤，土体厚，质地匀，轻壤较多，中壤次之，一般没有不良层次的沙质型土壤的缺点，是一种较好的农业土壤。

(3) 通体黏质型：分布于丘陵下部和丘陵沟壑地带，主要发育在红土和红黄土母质上。这类土壤的特点是：虽然保水保肥性能强，土壤养分含量高，但由于土性冷凉，土质过黏，难于耕作，故发老苗不发小苗。土体较厚，质地均匀，除表层耕作熟化外，一般土性较僵硬，颗粒排列致密而紧实，故保水保肥能力强，但供肥力弱，通气性差。所以，应采取深耕、掺沙、增肥等措施，逐步改善其不良形状。

3. 夹层型 其母质为洪积、冲击和淤积类型。这类土壤的特点是，沙黏相间，层次明显，质地变化较大。一般来说，夹层型土壤均不利于通气透水、养分转化及根系发育。例如，上黏下沙的夹层，易漏水漏肥，中部夹黏或夹沙不利于水分养分的上下运行，在改良利用方向也较困难。但在夹层型土壤中，上沙下黏则是保水保肥，并能协调诸肥力因素的一种良好构型。该土上轻下重，上松下紧，易耕易种，底土层紧实致密，托水托肥，肥水不易泄漏，故既发小苗，又发老苗，是农业生产上最为理想的土体构型，可惜的是这种构型在五寨县的面积极小。

对于不利于作物生长的夹层型土壤，可通过增施农肥或客土改良等途径进行改良，以逐步形成新的土体构型，使水肥失调的不良状况得到改善。

五、土壤结构

构成土壤骨架的矿物质颗粒，在土壤中并非彼此孤立、毫无相关的堆积在一起，而往往是受各种作物胶结成形状不同、大小不等的团聚体。各种团聚体和单粒在土壤中的排列方式称为土壤结构。

土壤结构是土体构造的一个重要形态特征。它关系着土壤水、肥、气、热状况的协调，土壤微生物的活动、土壤耕性和作物根系的伸展，是影响土壤肥力的重要因素。

五寨县山地土壤由于有机质含量高，主要为团粒结构，粒径为0.25～10毫米，由腐殖质为成型动力胶结而成。团粒结构是良好的土壤结构类型，可协调土壤的水、肥、气、热状况。

五寨县的自然土壤，除面积小的薄层型粗骨性土壤外，一般都具有一定的植被，表层有机质的积累较多，结构多为屑粒和碎块，而心土层和底土层，由于有机质含量大大减少，加之，淋溶淀积作用，故多为块状或菱块状结构。

耕作土壤，由于有机质缺乏，培肥条件又差，而生物循环却很活跃，使得矿质化过程强于腐殖化过程，所以，大部分土壤结构不良。

1. 五寨县的土壤结构

（1）耕作层：它的深度与常年耕深一致，一般为15～25厘米。除面积很小的菜园土因耕作精细施肥较多、山地土壤因有机质含量高，具有微团粒结构外，多为屑粒结构。一般规律是，离村近的，培肥条件好的土壤结构性较好，反之较差。总的来说，五寨县土壤耕作层结构较差，需要加厚耕作层，增加有机肥，以促进土壤团粒的形成。

（2）犁底层：位于耕作层以下，因受犁底机械压力而形成，其结构为片状和块状结构。五寨县的耕作土壤，由于犁耕深度长期以来维持在相近的水平上，所以，犁底层紧实坚硬具有明显的隔离作用，既不利于根系下扎，又不利于上下层水、肥、气、热沟通交换。对此，今后应深耕破除犁底层，使活土层加厚。

（3）心土层：位于犁底层以下，厚度一般为30～65厘米，多为块状结构，较紧实，是保水、保肥的重要层次，也是作物生长后期供应水肥的重要层次。

（4）底土层：也叫生土层和死土层，较紧实，根系极少，多为块状结构。底土层与作物生长的关系虽然不如上述土层那样密切，但它对整个土体的水、肥、气、热状况仍有一定的影响。

2. 五寨县土壤的不良结构

（1）板结：是指耕作土壤灌水或降雨后表层板结的现象，板结形成的原因是细黏粒含量较高，有机质含量少所致。板结是土壤不良结构的表现，它可加速土壤水分蒸发，使土壤紧实，影响幼苗出土生长以及土壤的通气性能。改良办法应增加土壤有机质，雨后或浇灌后及时中耕破除板结，以利于土壤疏松通气。

（2）坷垃：坷垃是在质地黏重的土壤上易产生的不良结构。坷垃多时，由于相互支撑，增大了土壤空隙，造成透风跑墒，加速土壤水分蒸发，并影响播种质量，造成露籽或压苗，或形成吊根，妨碍根系穿插。改良办法首先是大量施用有机肥和掺杂沙土改良黏重土壤，其次应掌握宜耕期，及时进行耙耱，使其粉碎。

六、耕地土壤阳离子交换量

土壤交换量即离子代换量（土壤所能含有代换性离子的数量称为离子代换量），这里是指阳离子交换量，通常以百克烘干土所含毫克当量的阳离子表示的。土壤代换量是鉴定土壤保存养分能力强弱的重要依据，也是施肥时必须考虑的土壤性质。一般交换量小于

10为保肥力弱的土壤，交换量10～20为保肥力中等的土壤，交换量在20以上为保肥力强的土壤。

土壤交换量大小，主要受土壤质地、腐殖质含量及土壤酸碱反应等条件的影响，土壤质地越细，有机质含量越高，代换量就越大，反之，代换量就小。

五寨县耕地土壤阳离子交换量含量变化范围为5.62～24.47厘摩尔/千克，平均值为12.33厘摩尔/千克，见表3-25。

（1）不同行政区域：新寨乡平均值最高，为19.143厘摩尔/千克；其次是胡会乡，平均值为14.841厘摩尔/千克；最低是三岔乡，平均值为9.00厘摩尔/千克。

（2）不同地形部位：河谷川地最高，平均值为13.89厘摩尔/千克；其次是丘陵下部缓坪及垣地台地，平均值为12.93厘摩尔/千克；最低是黄土丘陵梁峁，平均值为9.15厘摩尔/千克。

（3）不同土壤类型：潮土最高，平均值为12.91厘摩尔/千克；其次是栗褐土，平均值为9.04厘摩尔/千克；最低是风沙土，平均值为5.98厘摩尔/千克。

表3-25 五寨县耕地土壤阳离子交换量分类汇总

类别		阳离子交换量（厘摩尔/千克）	
		平均值	区域值
行政区域	东秀庄乡	11.31	5.62～15.05
	韩家楼乡	9.24	6.56～13.28
	胡会乡	14.84	12.99～17.77
	李家坪乡	13.80	12.58～14.89
	梁家坪乡	10.06	9.70～10.26
	三岔镇	9.00	7.49～10.25
	前所乡	14.56	9.70～20.78
	孙家坪乡	9.28	7.86～11.09
	小河头镇	16.74	10.71～24.47
	新寨乡	19.14	10.77～16.83
	杏岭子乡	13.32	11.08～15.06
	砚城镇	10.39	6.97～13.44
地形部位	黄土垣梁	9.15	5.62～13.28
	黄土丘陵下部缓坪地	12.93	7.89～17.77
	沟谷地	10.68	6.56～15.06
	河谷川地	13.89	9.70～24.47
土壤类型	栗褐土	12.35	6.56～24.27
	黄绵土	12.93	9.70～16.83
	风沙土	10.32	5.62～14.88
	潮土	11.03	10.71～16.83

注：以上统计结果依据2007—2009年测土配方施肥项目土样化验结果。

总的看来，五寨县土壤的交换量是弱小的。这就使得土壤保肥性不强，所以，应增施有机肥，从而增加有机质，使土壤交换量逐步提高。

七、土壤碳酸钙含量

土壤中碳酸钙的含量是表明土壤化学性质的一个重要指标，对土壤养分的有效性及土壤肥力有较大影响，同时也是植物所需钙素的主要来源之一。

土壤碳酸钙含量的高低主要决定于母质类型及淋溶强度。五寨县土壤碳酸钙含量一般为3.9%～8.6%，最高可达10%，不同的母质，碳酸钙含量的变化情况是：发育在红土母质上的土壤以及埋藏红土型、黑垆土型土壤的碳酸钙含量较低，其范围是3.9%～5.6%；发育在黄土母质上的土壤，碳酸钙含量较高，为6.9%～10%；潮土因淋溶作用较强，则碳酸钙含量较低，为6.5%～6.6%。

碳酸钙含量在剖面中的垂直分布，由于受淋溶作用的影响，一般表土层较低，心土层和底土层稍高。

上述情况说明，五寨县土壤碳酸钙含量较为丰富，这对土壤团粒结构的形成是有利的。但碳酸钙也能降低磷素的有效性，所以，施磷肥时要与农家肥混合沤制。

八、土壤孔隙状况

土壤是多孔体，土粒、土壤团聚体之间以及团聚体内部均有空隙。单位体积土壤空隙所占的百分数，称土壤孔隙度，也称总孔隙度。

土壤孔隙的数量、大小、形状很不相同，它是土壤水分与空气的通道和储存所，它密切影响着土壤中水、肥、气热等因素的变化与供应情况。因此，了解土壤孔隙大小、分布、数量和质量，在农业生产上有非常重要的意义。

土壤孔隙度的状况取决于土壤质地、结构、土壤有机质、土粒排列方式及人为因素等。黏土孔隙多而小，通透性差；沙质土空隙少而粒间孔隙大，通透性强；壤土则孔隙大小比例适中。土壤孔隙可分3种类型。

1. 无效孔隙　孔隙直径小于0.001毫米，作物根毛难于伸入，为土壤结合水充满，孔隙中水分被土粒强烈吸附，故不能被植物吸收利用，水分不能运动也不通气，对作物来说是无效孔隙。

2. 毛管孔隙　孔隙直径为0.001～0.1毫米，具有毛管作用，水分可借毛管弯月面力保持存储在内，并靠毛管引力向上下左右移动，对作物是最有效水分。

3. 非毛管孔隙　即孔隙直径大于0.1毫米的大孔隙，不具毛管作用，不保持水分，为通气孔隙，直接影响土壤通气、透水和排水的能力。

土壤空隙一般是30%～60%，对农业生产来说，土壤空隙以稍大于50%为好，要求无效孔隙尽量低些，非毛管孔隙应保持在10%以上，若小于5%则通气、渗水性能不良。保德县土壤大都通气孔隙较高，土壤疏松，通气好。

土壤结构、土壤容重和土壤孔隙度是互为因果，互相关联的。结构较好的土壤，容重就小，孔隙度就一定适宜，水、肥、气、热也较协调，即土肥相融，生产性能优良。反之，结构差，容重大，孔隙度也大，生产性能就差。所以，这些性质关系重大，应作为培肥的重要目标去对待。

第六节　耕地土壤属性综述与养分动态变化

一、耕地土壤属性综述

2008—2010 年，五寨县 56 个样点土壤测定结果表明，耕地土壤有机质平均含量为 10.58，范围 1.0～37.97 克/千克；全氮平均含量为 0.66 千克，范围 0.11～1.8 克/千克；碱解氮平均含量为 65.81 毫克/千克，范围 11～159.5 毫克/千克；有效磷平均含量为 10.46 毫克/千克，范围 1.0～39.48 毫克/千克；速效钾平均含量为 119.26 毫克/千克，范围 31～288.2 毫克/千克；缓效钾平均含量为 716.59 毫克/千克，范围 465.06～1140.16 毫克/千克；有效铁平均含量为 6.02 毫克/千克，范围 2.23～27 毫克/千克；有效锰平均值为 7.12 毫克/千克，范围 3.11～20.68 毫克/千克；有效铜平均含量为 1.06 毫克/千克，范围 0.50～2.66 毫克/千克；有效锌平均含量为 0.79 毫克/千克，范围 0.12～3.34 毫克/千克；有效硼平均含量为 0.48 毫克/千克，范围 0.04～2.04 毫克/千克；有效硫平均含量为 55.41 毫克/千克，范围 6.72～153.38 毫克/千克；pH 平均为 8.25，范围 7.81～8.7；阳离子代换量平均为 12.33 厘摩尔/千克，范围 5.62～24.47 厘摩尔/千克，见表 3-26。

表 3-26　五寨县耕地土壤属性总体统计结果

项目名称	单位	极小值	极大值	平均值	标准差	变异系数	点位数
容重	克/立方厘米	1.17	1.34	1.25	0.079	0.061	50
pH		7.81	8.70	8.25	0.157	0.019	5 600
阳离子交换量	厘摩尔/千克	5.62	24.47	12.33	0.582	0.290	156
有机质	克/千克	1.00	37.97	10.58	2.935	0.366	5 300
全氮	克/千克	0.11	1.80	0.66	0.301	0.661	5 500
碱解氮	毫克/千克	11.00	159.50	65.81	36.627	0.407	5 280
有效磷	毫克/千克	1.00	39.48	10.46	6.358	0.732	6 280
缓效钾	毫克/千克	465.06	1 140.16	716.59	128.575	0.178	5 450
速效钾	毫克/千克	31.00	288.20	119.26	51.934	0.374	6 455
有效铁	毫克/千克	2.23	27.00	6.02	1.844	0.397	1 360
有效锰	毫克/千克	3.11	20.68	7.12	3.121	0.354	1 360
有效铜	毫克/千克	0.50	2.66	1.06	0.161	0.158	1 360
有效锌	毫克/千克	0.12	3.34	0.79	0.260	0.490	1 360
水溶态硼	毫克/千克	0.04	2.04	0.48	0.254	0.431	1 360
有效硫	毫克/千克	6.72	153.38	55.41	14.010	0.567	1 360

二、有机质及大量元素的演变

随着农业生产的发展及施肥、耕作经营管理水平的变化，耕地土壤有机质及大量元素也随之变化。与1981年全国第二次土壤普查时耕层测定结果相比，五寨县土壤有机质、全氮、速效钾含量呈逐年上升趋势，有机质2008—2010年比1981年土壤普查时增加4.433克/千克，全氮2008—2010年比1981年土壤普查时增加0.271克/千克，碱解氮2008—2010年比1981年土壤普查时增加32.88毫克/千克，有效磷比1981年土壤普查时增加4.18毫克/千克，速效钾比1981年土壤普查时增加34.47毫克/千克。见表3-27。

表3-27　保德县耕地土壤养分动态变化

项　目		1981年土壤普查	2008年测土配方
有机质（克/千克）	汇总点数	772	5 300
	最大值	48.539	37.79
	最小值	1.875	1.00
	平均值	6.147	10.58
全氮（克/千克）	汇总点数	331	5 500
	最大值	1.722	1.80
	最小值	0.12	0.11
	平均值	0.398	0.66
碱解氮（毫克/千克）	汇总点数	609	5 280
	最大值	201.25	159.50
	最小值	10.47	11.00
	平均值	32.93	65.81
有效磷（毫克/千克）	汇总点数	626	5 480
	最大值	35.00	39.84
	最小值	1.00	1.00
	平均值	6.46	10.64
速效钾（毫克/千克）	汇总点数	406	5 450
	最大值	360.00	288.20
	最小值	20.00	31.00
	平均值	84.79	119.26

从养分变化图表中可以看出，有机质、全氮、碱解氮、有效磷和速效钾，都比1981年全国第二次土壤普查时明显增加，增加的原因是近年来秸秆还田和含磷钾多的复合肥用量的增加，标志着五寨县土壤地力水平走上稳步提高的轨道。但也不排除在项目实施过程中，采土偏重于高、中肥力水平的地块，加之退耕还林下等地块大部分退出耕地，也是耕地土壤养分平均值高的原因之一，有待于进一步研究探讨。

尽管五寨县土壤有机质、全氮、碱解氮、有效磷和速效钾与都明显增加，但土壤比较缺乏的还是土壤有机质和碱解氮以及微量元素锌、硼、铁等元素，需要采取相应措施，如严格禁止秸秆田间焚烧，持续推广秸秆还田，发展畜牧业生产，增加有机肥源，增加有机肥施入农田；推广高氮复合配方肥；增加缺乏微量元素肥料的应用面积，更好地应用此次项目成果，促进农业丰产丰收。

第四章　耕地地力与环境质量评价

第一节　耕地地力分级

一、面积统计

五寨县总耕地面积为74.46万亩，其中，坡耕地总面积38万亩，占总耕地面积的52%。这些耕地土壤沙化严重，肥力较低，干旱贫瘠，粮食生产低而不稳，是五寨县农业生产的明显障碍因素。按照地力等级划分指标，通过对5 438个评价单元*IFI*值的计算，对照分级标准，确定每个评价单元的地力等级，汇总结果见表4-1。

表4-1　五寨县耕地地力等级统计

等级	面积（亩）	所占比重（%）
一	59 429.18	7.98
二	86 194.62	11.58
三	195 637.15	26.27
四	269 355.47	36.17
五	118 475.83	15.91
六	15 507.63	2.09
合计	744 599.88	100

二、地域分布

五寨县耕地主要分布在河谷川地、丘陵地带，土石山地区。

第二节　耕地地力等级分布

一、一　级　地

（一）面积和分布

本级耕地主要分布在朱家川及其支流的河谷川地上的乡（镇），包括胡会乡和前所乡，韩家楼乡、孙家坪乡、小河头镇、砚城镇也有零星分布。面积为59 429.18亩，占全县总耕地面积的7.98%。

（二）主要属性分析

本级耕地主要分布于五寨县境内40千米长的“>”字形朱家川河及支流两岸的铧咀

坪，呈狭长的带状川谷地区，209 省道由南向北、阳韩公路呈十字形从本区域穿过，交通十分便利。本级耕地在海拔 1 200～1 400 米，土地平坦，包括盐化潮土、黄土状淡栗褐土、洪积淡栗褐土、黑垆土质淡栗褐土 4 个土属；成土母质为河流冲积—淤泥物、黑垆土质、黄土状母质；地面坡度为 2°～3°；耕层质地为沙壤土、轻壤土；土体构型多为通体型和沙夹黏；有效土层厚度 100～160 厘米，平均为 140 厘米；耕层厚度平均为 15.7 厘米；pH 的变化范围 7.81～8.75，平均值为 8.43；土壤容重在 1.1～1.42 克/立方厘米，平均值 1.23 克/立方厘米；地势平缓，无侵蚀，基本无灌溉条件，有灌溉条件的仅有几十亩，地面平坦，肥力较高，园田化水平高。

本级耕地土壤有机质平均含量为 12.92 克/千克，属省四级水平，比全县平均含量高 4.16 克/千克；有效磷平均含量为 11.48 毫克/千克，属省四级水平，比全县平均含量高 2.24 毫克/千克；速效钾平均含量为 117.15 毫克/千克，属省四级水平，比全县平均含量高 1.8 毫克/千克；全氮平均含量为 0.66 克/千克，属省五级水平，比全县平均含量高 0.11 克/千克；有效铁平均含量为 9.68 毫克/千克，属省四级水平；有效锰平均含量为 9.93 毫克/千克，属省四级水平；有效铜平均含量为 1.10 毫克/千克，属省三级水平；有效锌平均含量为 0.99 毫克/千克，属省四级水平；有效硼平均含量为 0.39 毫克/千克，属省五级水平；有效硫平均含量为 34.35 毫克/千克，属省四级水平。详见表 4-2。

该级耕地农作物生产水平较高。从农户调查表来看，春玉米平均每产 530 千克左右，是五寨县油枣主产区和蔬菜生产基地，蔬菜面积占全县的 60%以上，蔬菜作物一年 2～3 作。

表 4-2　一级地土壤养分统计

项目	平均值	最小值	最大值	标准差	变异系数
有机质	12.92	7.65	34.25	5.87	0.45
全氮	0.66	0.45	1.04	0.10	0.16
pH	8.43	7.81	8.75	0.24	0.03
有效磷	11.48	4.20	35.66	7.96	0.69
速效钾	117.15	25.11	259.92	48.65	0.42
缓效钾	784.47	548.06	1 199.95	86.90	0.11
有效铁	9.69	4.00	26.33	4.50	0.46
有效锰	9.94	3.91	20.68	2.32	0.23
有效铜	1.10	0.42	2.30	0.30	0.27
有效锌	0.99	0.47	3.30	0.54	0.54
有效硼	0.39	0.04	1.93	0.34	0.89
有效硫	34.35	10.24	106.76	20.23	0.59

注：表中各项单位为：有机质、全氮为克/千克，pH 无单位，其他为毫克/千克。

（三）主要存在问题

一是土壤肥力比较高，产能也比较多，但化肥使用量较多，有机肥施用量严重不足，秸秆还田力度不够，土壤板结严重，土壤中有机质含量、各种元素含量及配比与高产田含量有一定的差距，并且差距在扩大；二是质地有些粗，水肥容易流失。急需要科学的、合理的指导。

（四）合理利用

本级耕地在利用上应增施有机肥，科学施肥，进一步培肥地力；大力发展设施农业，加快蔬菜、建设绿色、有机蔬菜，发展高效产业。

二、二 级 地

（一）面积与分布

东秀庄乡、韩家楼乡、胡会乡、李家坪乡、梁家坪乡、前所乡、三岔镇、孙家坪乡、小河头镇、新寨乡、杏岭子乡、砚城镇等乡（镇）均有分布，面积为 86 194.6 亩，占全县总耕地面积的 11.58%。

（二）主要属性分析

本级耕地包括盐化潮土、黄土状淡栗褐土、洪积淡栗褐土、黑垆土质淡栗褐土、黄绵土 5 个土属；成土母质为河流冲积、洪积、黄土质、黑垆土质、黄土状母质；质地多为沙壤和轻壤；无灌溉条件；地面基本平坦，地面坡度小于 4°，园田化水平较高；有效土层厚度为 70～110 厘米，耕层厚度平均为 16.5 厘米；土体构型多为通体型和沙夹黏；基本无侵蚀，肥力较高；pH 为 7.81～8.75，平均值 8.37；土壤容重为 1.11～1.42 克/立方厘米，平均为 1.28 克/立方厘米。

本级耕地土壤有平均机质平均含量 12.54 克/千克，属省四级水平；有效磷平均含量为 12.02 毫克/千克，属省四级水平；速效钾平均含量为 110.58 毫克/千克，属省四级水平；全氮平均含量为 0.64 克/千克，属省五级水平。详见表 4-3。

表 4-3　二级地土壤养分统计

项目	平均值	最小值	最大值	标准差	变异系数
有机质	12.54	5.67	34.91	6.66	0.53
全氮	0.64	0.45	1.30	0.09	0.14
pH	8.37	7.81	8.75	0.26	0.03
有效磷	12.02	3.94	35.66	6.81	0.57
速效钾	110.58	16.83	259.92	43.48	0.39
缓效钾	758.48	531.46	1 140.16	80.20	0.11
有效铁	8.05	2.68	25.67	4.76	0.59
有效锰	8.99	4.44	18.00	2.48	0.28
有效铜	1.14	0.61	2.66	0.28	0.25
有效锌	0.83	0.26	3.34	0.39	0.47
有效硼	0.38	0.08	2.04	0.25	0.64
有效硫	39.94	11.41	153.38	22.55	0.56

注：表中各项单位为：有机质、全氮为克/千克，pH 无单位，其他为毫克/千克。

本级耕地所在区域，主要为浅井灌溉区，是瓜、果、蔬菜生产区，一年 2～3 作。玉米平均每亩 470 千克左右，一年一作。

（三）主要存在问题

该级土壤土属 5 个，包括盐化潮土、黄土状淡栗褐土、洪积淡栗褐土、黑垆土质淡栗褐土、黄绵土。土壤盐碱限制植物正常生理发展；土壤偏粗，土壤水肥缓冲能力较差，变化幅度很大，天气干燥或多雨很容易影响植物生长；耕层薄，耕地无灌溉设施。

（四）合理利用

拉土垫滩，加厚土层，增施有机肥。

三、三 级 地

（一）面积与分布

主要分布在沟坝地、沟坪地及高水平梯田内，五寨县 12 个乡（镇）均有分布，面积为195 637.2亩，占全县总耕地面积的 26.27%。

（二）主要属性分析

本级耕地包括淡栗褐土、黄绵土等亚类，成土母质为洪积、淤垫、黑垆土、黄土母质，质地多为沙壤、轻壤、中壤；无灌溉条件；地面基本平坦，地面坡度小于 5°，园田化水平较高；有效土层厚度 60～120 厘米，耕层厚度平均值为 15.7 厘米，土体构型多为通体型和沙夹黏；基本无侵蚀，肥力较高；pH 为 7.80～8.75，平均值为 8.26，土壤容重为 1.1～1.42 克/立方厘米，平均值为 1.18 克/立方厘米。

本级耕地土壤有机质平均含量 10.77 克/千克，属省四级水平；有效磷平均含量为 10.29 毫克/千克，属省四级水平；速效钾平均含量为 111.76 毫克/千克，属省四级水平；全氮平均含量为 0.58 克/千克，属省五级水平。详见表 4－4。

表 4－4　三级地土壤养分统计

项目	平均值	最小值	最大值	标准差	变异系数
有机质	10.77	5.00	34.58	5.13	0.48
全氮	0.58	0.31	1.15	0.11	0.19
pH	8.26	7.80	8.75	0.19	0.02
有效磷	10.29	3.14	35.66	6.20	0.60
速效钾	111.76	11.31	257.53	32.07	0.29
缓效钾	743.76	448.46	1 240.86	83.16	0.11
有效铁	5.84	2.50	27.14	2.83	0.49
有效锰	7.52	3.38	17.67	1.93	0.26
有效铜	1.06	0.61	2.34	0.21	0.20
有效锌	0.69	0.13	3.30	0.35	0.50
有效硼	0.30	0.07	1.87	0.14	0.47
有效硫	37.19	9.07	146.72	21.46	0.58

注：表中各项单位为：有机质、全氮为克/千克，pH 无单位，其他为毫克/千克。

本级所在区域，是玉米、马铃薯、谷子生产区，平均亩产400余千克。

（三）主要存在问题

该级土壤仍有一定的肥力和水分，土壤理化性质也适合植物生长。但肥力和水分不足，限制了植物的快速生长，耕层比较薄，土壤比较粗，水肥保持严重不足。

（四）合理利用

本区农业生产水平较高，因此，应采用先进的栽培技术，如选用优种、科学管理、测土配方施肥等；推广地膜覆盖、秸秆覆盖、沟埋还田等旱作节水农业技术，同时今后应在建设玉米、马铃薯、旱地无公害蔬菜的基地建设上下功夫，以充分发挥该级耕地土壤的高产优势，确保高产高效。

四、四级地

（一）面积与分布

本级耕地遍布于五寨县12个乡（镇）。海拔在1 300米以上，面积为269 355.5亩，占全县总耕地面积的36.17%。

（二）主要属性分析

本级耕地全部为旱地，包括淡栗褐土、黄绵土、草原风沙土等亚类，成土母质有黄土、红黄土、埋藏红黄土型、埋藏黑垆土型等；耕层土壤质地有沙壤、轻壤、中壤、重壤等；有效土层厚度120～150厘米，耕层厚度平均为15.5厘米；土体构型主要为通体型；无灌溉条件，地面坡度2°～5°，侵蚀程度较轻；pH为7.81～8.75，平均值为8.27；土壤容重为1.1～1.31克/立方厘米，平均值为1.2克/立方厘米。

本级耕地土壤有平均机质平均含量9.56克/千克，属省五级水平；有效磷平均含量为8.61毫克/千克，属省五级水平；速效钾平均含量105.9毫克/千克，属省四级水平；全氮平均含量为0.55克/千克，属省五级水平；有效硼平均含量为0.29毫克/千克，有效铁为5.68毫克/千克，有效锌为0.58毫克/千克，有效锰平均含量为6.94毫克/千克，有效硫平均含量为34.40毫克/千克。详见表4-5。

表4-5　四级地土壤养分统计

项目	平均值	最小值	最大值	标准差	变异系数
有机质	9.56	4.11	34.58	4.11	0.43
全氮	0.55	0.28	1.16	0.10	0.18
pH	8.27	7.81	8.75	0.20	0.02
有效磷	8.61	2.61	34.01	4.89	0.57
速效钾	105.90	14.07	240.20	26.30	0.25
缓效钾	711.93	481.66	1 100.30	84.05	0.12
有效铁	5.68	2.39	25.00	2.15	0.38

（续）

项目	平均值	最小值	最大值	标准差	变异系数
有效锰	6.94	3.11	17.01	1.88	0.27
有效铜	0.98	0.58	2.34	0.17	0.18
有效锌	0.58	0.12	2.90	0.25	0.43
有效硼	0.29	0.04	1.90	0.12	0.43
有效硫	34.40	6.72	153.38	18.99	0.55

注：表中各项单位为：有机质、全氮为克/千克，pH 无单位，其他为毫克/千克。

主要种植玉米、马铃薯、谷子、糜子、等作物。

（三）主要存在问题

本级耕地受限的主要因子是水分，土壤田间含水量严重不足，影响植物的整个生长期，土壤含沙量显现，保水能力更差，土壤肥力比较低，施入的量少，输出的量多，耕层薄，底层土壤的水分和营养物质很难合理的被植物利用，有恶化的趋势。

（四）合理利用

整修梯田，防蚀保土，推广测土配方施肥，培肥地力，建设高产基本农田，适量发展水浇地，适量发展旱塬阶梯式日光温室，发展高产高效农业。

五、五 级 地

（一）面积与分布

本级耕地遍布于五寨县 12 个乡（镇），分布在丘陵和土石山区，包括肥力水平较低的新修梯田和老耕田，以及肥力较高、产量也较高的坡耕地。面积为 118 475.8 亩，占全县总耕地面积的 15.91%。

（二）主要属性分析

本级耕地全部为旱地，包括淡栗褐土、黄绵土、草原风沙土等亚类，成土母质有黄土、红黄土、埋藏红黄土型、埋藏黑垆土型、风积物等；耕层土壤质地有沙土、沙壤、轻壤、中壤、重壤等；有效土层厚度 80～150 厘米，耕层厚度平均为 16.1 厘米；土体构型主要为通体型；无灌溉条件；地面坡度梯田为 2°～5°，坡地为 15°以下；梯田侵蚀程度较轻，坡地侵蚀程度中等；pH 为 7.81～8.75，平均值为 8.29；土壤容重为 1.11～1.31 克/立方厘米，平均值为 1.24 克/立方厘米。

本级耕地土壤有平均机质平均含量 8.26 克/千克，属省五级水平；有效磷平均含量为 7.28 毫克/千克，属省五级水平；速效钾平均含量为 103.47 毫克/千克，属省五级水平；全氮平均含量为 0.52 克/千克，属省五级水平；有效硫平均含量为 29.43 毫克/千克；微量元素有效锌平均含量为 0.58 毫克/千克、有效铜平均含量为 0.99 毫克/千克、有效硼平均含量为 0.26 毫克/千克、有效铁平均含量为 5.26 毫克/千克、有效锰平均含量为 6.61 毫克/千克。详见表 4-6。

表 4-6　五级地土壤养分统计

项目	平均值	最小值	最大值	标准差	变异系数
有机质	8.27	4.11	21.99	1.60	0.19
全氮	0.52	0.28	0.87	0.09	0.17
pH	8.29	7.81	8.75	0.19	0.02
有效磷	7.28	2.34	24.39	3.07	0.42
速效钾	103.47	47.19	230.40	18.38	0.18
缓效钾	686.69	465.06	980.72	69.89	0.10
有效铁	5.26	2.24	13.67	1.31	0.25
有效锰	6.61	3.11	13.00	1.53	0.23
有效铜	0.99	0.58	1.87	0.16	0.17
有效锌	0.58	0.13	2.11	0.22	0.38
有效硼	0.26	0.04	1.17	0.11	0.43
有效硫	29.43	12.96	106.76	10.51	0.36

注：表中各项单位为：有机质、全氮为克/千克，pH 无单位，其他为毫克/千克。

种植玉米、马铃薯、谷子、糜子、胡麻等作物，亩均产量 110 千克左右。

（三）主要存在问题

该级耕地含沙量明显增加，有一定的坡度，坡度并不大，但土壤水肥含量不高，甚至很低；黏度很差，保水保肥能力不高，容易被洪水冲刷；如受山谷风影响更易干燥。

（四）合理利用

整修梯田，防蚀保土，推广测土配方施肥，培肥并熟化土壤，建设高产基本农田，坡耕地进行坡改梯，适量发展旱塬阶梯式日光温室，发展高产高效农业。

六、六 级 地

（一）面积与分布

主要分布在东秀庄乡、韩家楼乡、李家坪乡、梁家坪乡、前所乡、三岔镇、孙家坪乡、小河头镇、新寨乡、杏岭子乡等乡（镇）。面积为 15 507.6 亩，占全县总耕地面积的 2.09%。

（二）主要属性分析

该级耕地为旱地，干旱是影响农业生产的主要因素，地力低下则是该级耕地土壤的第二障碍因素。大部分耕地有轻度侵蚀，以缓坡梯田居多，也有部分高水平梯田；土壤类型有黄土质淡栗褐土、红黄土质淡栗褐土、固定草原风沙土；成土母质为黄土母质、红黄土母质、风积物、残积—坡积物；耕层质地为轻壤、中壤、重壤、黏土；质地构型大部分为通体壤，少数壤夹黏、壤夹砾；无灌溉条件；pH 为 7.81～8.75，平均值为 8.28，土壤容重为1.28～1.41克/立方厘米，平均值为1.33克/立方厘米。耕层厚度平均为19.8厘米，有效土层厚度平均值为120厘米。

本级耕地土壤有机质平均含量8.40克/千克，属省五级水平；有效磷平均含量为5.80毫克/千克，属省五级水平；速效钾平均含量为106.65毫克/千克，属省四级水平；全氮平均含量为0.54克/千克，属省五级水平。详见表4-7。

表4-7 六级地土壤养分统计

项目	平均值	最小值	最大值	标准差	变异系数
有机质	8.40	5.34	12.98	1.52	0.18
全氮	0.54	0.31	0.75	0.07	0.13
pH	8.28	7.81	8.75	0.21	0.03
有效磷	5.80	2.87	16.42	2.26	0.39
速效钾	106.65	73.87	170.60	13.85	0.13
缓效钾	683.77	514.86	880.02	59.08	0.09
有效铁	5.21	3.17	12.01	1.22	0.23
有效锰	6.70	4.18	12.34	1.89	0.28
有效铜	0.93	0.50	1.50	0.17	0.18
有效锌	0.52	0.18	1.61	0.22	0.42
有效硼	0.25	0.06	0.58	0.10	0.39
有效硫	31.57	11.41	80.04	10.64	0.34

注：表中各项单位为：有机质、全氮为克/千克，pH无单位，其他为毫克/千克。

种植作物以玉米、谷子为主，据调查统计，玉米平均亩产430千克，谷子平均亩产170千克。

（三）存在问题

此级土壤，多为坡耕地，缓坡梯田居多，符合科学的、高水平梯田很少，土壤含沙量很多，团粒结构差，旱地无灌溉设施；因回报率低，施肥量更少，基本不施肥；保水保肥力很差，管理粗放，侵蚀作用明显，荒漠化迹象凸显。

（四）合理利用

在改良措施上，一是搞好农田基本建设，提高土壤保墒能力；二是增施有机肥，大力实施玉米秸秆覆盖还田技术，提高土壤肥力；三是搞好测土配方施肥，增施氮磷肥；四是纳雨蓄墒，提高土壤含水量，改善土壤理化性状，变“三跑田”为“三保田”；五可以采用退耕还林措施，合理规划发展牧业。

五寨县耕地地力评价统计见表4-8。

表 4-8　五寨县耕地地力评价统计

	一级（亩）	百分比（%）	二级（亩）	百分比（%）	三级（亩）	百分比（%）	四级（亩）	百分比（%）	五级（亩）	百分比（%）	六级（亩）	百分比（%）	合计（亩）
东秀庄乡	0	0	925.85	0.93	24 753.69	24.97	45 474.23	45.87	25 263.68	25.48	2 730.15	2.75	99 147.60
韩家楼乡	22.17	0.03	4 255.23	6.62	35 984.40	55.97	11 691.14	18.18	11 770.24	18.31	572.96	0.89	64 296.13
胡会乡	30 610.96	49.31	4 566.11	7.36	13 233.65	21.32	11 720.13	18.88	1 943.80	3.13	0	0	62 074.64
李家坪乡	0	0	925.45	2.05	7 830.57	17.36	25 436.05	56.39	8 986.53	19.92	1 928.94	4.28	45 107.54
梁家坪乡	0	0	8 595.21	18.48	10 445.12	22.46	14 355.80	30.87	12 124.66	26.07	982.46	2.11	46 503.26
前所乡	11 846.11	26.19	10 337.67	22.85	9 078.79	20.07	8 966.53	19.82	4 440.38	9.82	567.08	1.25	45 236.56
三岔镇	0	0	2 115.23	2.20	30 585.93	31.83	44 893.88	46.72	17 933.72	18.66	563.38	0.59	96 092.15
孙家坪乡	2 171.20	3.46	15 848.62	25.23	20 986.55	33.41	21 224.97	33.79	2 414.84	3.84	172.02	0.27	62 818.20
小河头镇	0	0	20 973.06	42.69	10 021.80	20.40	11 083.33	22.56	5 486.09	11.17	1 565.61	3.19	49 129.89
新寨乡	0	0	9 723.96	19.73	17 616.44	35.74	19 389.91	39.34	2 312.52	4.69	242.68	0.49	49 285.51
杏岭子乡	0	0	489.53	0.51	9 607.69	10.07	53 616.32	56.22	25 480.47	26.72	6 182.34	6.48	95 376.35
砚城镇	14 778.75	50.04	7 438.71	25.19	5 492.54	18.60	1 503.18	5.09	318.88	1.08	0	0	29 532.07
合计	59 429.19	7.98	86 194.62	11.58	195 637.16	26.27	269 355.46	36.17	118 475.83	15.91	15 507.63	2.08	744 599.89

第三节　耕地土壤环境质量评价

一、耕地土壤环境质量现状

（一）耕地土壤重金属含量状况

根据山西农业大学资源环境学院资源环境监测中心2003年在五寨县东秀庄乡大双碾、小双碾、南庄子、东秀庄、侯家庄，孙家坪乡孙家坪村、郭家窊、武家窊、寨儿梁9个点耕地的重金属含量测定结果，铅的平均值为21.661 1毫克/千克，最大值为29.9毫克/千克；镉的平均值为0.054 6毫克/千克，最大值为0.078毫克/千克；汞的平均值为0.054 3毫克/千克，最大值为0.116毫克/千克；铬的平均值为70.251 8毫克/千克，最大值为99.35毫克/千克；砷的平均值为7.618 9毫克/千克，最大值为9.88毫克/千克，见表4-9。

表4-9　五寨县东秀庄、孙家坪乡土壤重金属含量统计

项目	平均值（毫克/千克）	最小值（毫克/千克）	最大值（毫克/千克）	标准差（毫克/千克）	变异系数（%）	汇总点数（个）
镉	0.054 6	0.033	0.078	0.016 7	0.030 6	9
铬	70.251 8	53.65	99.35	14.568 5	0.207 4	9
砷	7.618 9	6.25	9.88	1.193 2	0.156 6	9
汞	0.054 3	0.026 2	0.116 0	0.033 1	0.610 1	9
铅	21.661 1	10.55	29.9	5.949 5	0.274 7	9

测定土壤类型为栗褐土大田土壤，结果铅、镉、砷、铬、汞5个重金属平均含量均低于我国土壤环境质量的二级标准。

五寨县东秀庄乡、孙家坪乡土壤污染物分析结果见表4-10。

表4-10　五寨县东秀庄、孙家坪乡土壤污染物实测结果

采样地点	土类	镉（毫克/千克）	铬（毫克/千克）	砷（毫克/千克）	汞（毫克/千克）	铅（毫克/千克）	铜（毫克/千克）	pH
东秀庄乡大双碾村	栗褐土	0.063	53.65	8.82	0.026 2	10.55	16.95	8.12
东秀庄乡小双碾村	栗褐土	0.065	99.35	7.29	0.033 1	18.10	15.75	8.12
东秀庄乡南庄子村	栗褐土	0.068	80.45	9.88	0.030	18.10	17.45	8.12
东秀庄乡东秀庄村	栗褐土	0.066	78.85	7.84	0.026 8	20.00	15.00	8.17
东秀庄乡侯家庄村	栗褐土	0.078	75.70	6.25	0.031 8	21.90	15.00	8.21
孙家坪乡孙家坪村	栗褐土	0.042	64.086	6.28	0.079	24.1	20.8	8.28
孙家坪乡郭家窊村	栗褐土	0.041	57.288	7.27	0.056	29.9	21.0	8.37
孙家坪乡武家窊村	栗褐土	0.035	59.598	8.12	0.116	23.2	21.8	8.16
孙家坪乡寨儿梁村	栗褐土	0.033	63.294	6.82	0.090	29.1	20.8	8.15

（二）水质量质量环境现状

根据五寨县东秀庄乡水源水系分布及污染源分布状况，选择有代表性的大双碾村进行了地下水 pH、汞、铜、砷、镉、铬、氟化物、氰化物 9 个项目测定，结果见表 4-11。

表 4-11 五寨县东秀庄乡大双碾村地下水样分析结果

测定项目	元素含量	测定项目	元素含量
pH	8.27	总铅（毫克/升）	0.005
总镉（毫克/升）	0.005 0	氰化物（毫克/升）	0.002
六价铬（毫克/升）	0.001	氟化物（毫克/升）	0.600
总砷（毫克/升）	0.003	氯化物（毫克/升）	38.900
总汞（毫克/升）	0.000 31		

二、耕地土壤环境质量评价模式

采用单项污染指数和综合污染指数进行评价，评价模式为：

1. 单项污染指数

$$P_i = c_i / s_i$$

式中：P_i——环境中污染物 i 的单项污染指数；

c_i——环境中污染物 i 的实测数据；

s_i——污染物 i 的评价标准。

如某项污染因子检测结果为“未检出”，则按检出限的 1/2 计算单项污染指数。

pH 单项污染指数计算方法为：

$$\mathrm{pH} = \frac{\text{实际值} - \text{标准平均值}}{\text{标准最大值} - \text{标准平均值}}$$

2. Nemerow 综合污染指数

$$P_{综} = \sqrt{\left[(c_i/s_i)^2_{\max} + (c_i/s_i)^2_{\mathrm{ave}}\right]/2}$$

式中：$P_{综}$——综合污染指数；

$(c_i/s_i)^2_{\max}$——污染指数最大值；

$(c_i/s_i)^2_{\mathrm{ave}}$——污染指数平均值。

三、评价参数与评价标准

（一）水环境质量评价标准

评价参数与评价标准采用 GB 5084—1992 农田灌溉水质量标准中规定的浓度限值，具体见表 4-12。分级标准按 NY/T 396—2000 农用水源环境质量监测技术规范中水质分级标准进行划分见表 4-13。

表 4-12　农田灌溉水中各项污染物的浓度限值

测定项目	元素含量	测定项目	元素含量
pH	5.5～8.5	总铅（毫克/升）	0.10
总镉（毫克/升）	0.005	氰化物（毫克/升）	0.5
六价铬（毫克/升）	0.10	氟化物（毫克/升）	3
总砷（毫克/升）	0.10	氯化物（毫克/升）	38.9
总汞（毫克/升）	0.001		

表 4-13　水质分级标准

等级划分	综合污染指数	污染程度	污染水平
1	≤0.5	清洁	清洁
2	0.5～1.0	尚清洁	标准限量内
3	≥1.0	污染	超出警戒水平

（二）耕地土壤环境质量评价标准

评价参数与评价标准采用中华人民共和国国家标准 GB 15618—1995《土壤环境质量标准》二级标准。土壤中污染物最高允许浓度限值见表 4-14，土壤污染分级标准见表 4-15。

表 4-14　土壤中各项污染物的浓度限值

单位：毫克/千克

pH	汞	镉	铅	砷	铬
＜6.5	0.3	0.3	250	25	150
6.5～7.5	0.5	0.6	300	30	200
＞7.5	1	0.6	350	40	250

表 4-15　土壤污染分级标准

等级划分	综合污染指数	污染等级	污染水平
1	$P_{综} \leq 0.7$	安全	清洁
2	$0.7 < P_{综} \leq 1.0$	警戒级	尚清洁
3	$1.0 < P_{综} \leq 2.0$	轻污染	土壤污染物超过背景值视为轻污染，作物开始受污染
4	$2.0 < P_{综} \leq 3.0$	中度污染	土壤、作物均受到中度污染
5	$P_{综} > 3.0$	重污染	土壤、作物受到污染已相当严重

四、评价结果与分析

（一）水环境质量评价与分析

五寨县东秀庄水污染物分析结果见表 4-16。

表 4-16 五寨县东秀庄乡大双碾村水样评价结果表

严控环境指标		一般控制环境指标	
$P_{汞}$	0.31	P_{pH}	0.77
$P_{镉}$	0.50	$P_{氰化物}$	0.40
$P_{铬}$	0.03	$P_{氟化物}$	0.60
$P_{砷}$	0.05	$P_{氯化物}$	0.16
$P_{铅}$	0.12		

表 4-16 看出，采样点的严控环境指标单项污染指数变幅为 0.03～0.5，一般控制环境指标单项污染指数变幅为 0.16～0.77，均在浓度限制内，污染等级为清洁。

（二）耕地土壤环境质量评价与分析

五寨县东秀庄乡、孙家坪乡土壤污染物分析结果见表 4-17。

表 4-17 五寨县东秀庄、孙家坪乡土壤污染物评价结果

指标类型	项目	大双碾村	小双碾村	南庄子村	东秀庄村	侯家庄村	东秀庄村	郭家庄村	武家庄村	寨儿梁村
严控环境指标	$P_{汞}$	0.07	0.09	0.09	0.08	0.09	0.23	0.16	0.33	0.26
	$P_{镉}$	0.16	0.16	0.17	0.17	0.20	0.11	0.10	0.088	0.083
	$P_{铬}$	0.45	0.83	0.67	0.66	0.63	0.53	0.48	0.60	0.35
	$P_{砷}$	0.44	0.37	0.49	0.39	0.31	0.31	0.36	0.41	0.34
一般控制环境指标	$P_{铅}$	0.21	0.36	0.36	0.40	0.44	0.48	0.60	0.46	0.58
	$P_{铜}$	0.28	0.26	0.29	0.25	0.25	0.35	0.35	0.36	0.35

表 4-17 表明，5 个土壤采样点的严控环境指标单项污染指数变幅为 0.07～0.88，一般控制环境指标单项污染指数变幅为 0.21～0.60，严控环境指标和一般控制环境指标单项污染指数均小于 1，污染等级均发属安全级。

第四节 肥料农药对农田的影响

一、肥料对农田的影响

（一）耕地肥料施用量

五寨县大田作物主要为玉米、马铃薯、糜谷、大豆等，从调查情况看，玉米平均亩施纯氮 12 千克，五氧化二磷 7.5 千克，氧化钾 0.5 千克；马铃薯平均亩施纯氮 13.0 千克，五氧化二磷 8.0 千克，氧化钾 2 千克，肥料品种主要为尿素、过磷酸钙、硫酸钾、复合（混）肥等。

（二）施肥对农田的影响

在农业增产的诸多措施中，施肥是最有效最重要的措施之一。无论施用化肥还是有机肥，都给土壤与作物带来大量的营养元素。特别是氮、磷、钾等化肥的施用，极大地增加

了农作物的产量。可以说化肥的施用不仅是农业生产由传统向现代转变的标志，而且是农产品从数量和质量上提高和突破的根本。施肥能增加农作物产量，改善农产品品质，提高土壤肥力，改良土壤。合理施肥是农业减灾中一项重要措施，可以改善环境、净化空气。施肥的种种好处已逐渐被世人认识。但是，由于肥料生产管理不善，因施肥量、施肥方法不当而造成土壤、空气、水质、农产品的污染也越来越引起人们的关注。

目前肥料对农业环境的污染主要表现在 4 个方面：肥料对土壤的污染，肥料对空气的污染，肥料对水源的污染，肥料对农产品的污染。

1. 肥料对土壤的污染

（1）肥料对土壤的化学污染：许多肥料的制作、合成均是由不同的化学反应而形成的，属于化学产品。它们的某些产品特性由生产工艺所决定，具有明显的化学特征，它们所造成的污染均为化学污染。如一些过酸、过碱、过盐、无机盐类，含有有毒有害矿物质制成的肥料，使用不当，极易造成土壤污染。

一些肥料本身含有放射性元素，如磷肥、含有稀土、生长激素的叶面肥料等，放射性元素含量如超过国家规定的标准不仅污染土壤，还会造成农产品污染，殃及人类健康。土壤被放射性物质污染后，通过放射性衰变，能产生 α、β、γ 射线。这些射线能穿透人体组织，使机体的一些组织细胞死亡。这些射线对机体既可造成外照射损伤，又可通过饮食或吸收进入人体，造成内照射损伤，使受害人头昏、疲乏无力、脱发、白细胞减少或增多、癌变等。

还有一些矿粉肥、矿渣肥、垃圾肥、叶面肥、专用肥、微肥等肥料中均不同程度地含有一些有毒有害的物质，如常见的有砷、镉、铅、铬、汞等，俗称“五毒元素”，它们不仅在土壤环境中容易富集，而且还非常容易在植株体内、人体内造成积累，影响作物生长和人类健康。如土壤中汞含量过高，会抑制夏谷的生长发育，使其株高、叶面积、干物重及产量降低。这些肥料大量的施用会造成土壤耕地重金属的污染。土壤被有毒化学物质污染后，对人体所产生的影响大部分都是间接的，主要是通过农作物、地面水或地下水对人体产生负面影响。

（2）肥料对土壤的生物性污染：未能无害化处理的人畜粪尿、城市垃圾、食品工业废渣、污水污泥等有机废弃物制成的有机肥料或一些微生物肥料直接施入农田会使土壤受到病原体和杂菌的污染。这些病原体包括各种病毒、病菌、有害杂菌，甚至一些大肠杆菌、寄生虫卵等，它们在土壤中生存时间较长，如痢疾杆菌能在土壤中生存 22～142 天，结核杆菌能生存一年左右，蛔虫卵能生存 315～420 天，沙门氏菌能生存 35～70 天等。它们可以通过土壤进入植物体内，使植株产生病变，影响其正常生长或通过农产品进入人体，给人类健康造成危害。

还有易引起病虫的粪便是一些病虫害的诱发剂，如鸡粪直接施入土壤，极易诱发地老虎，进而造成对植物根系的破坏。此外，被有机废弃物污染的土壤，是蚊蝇孳生和鼠类活动的场所，不仅带来传染病，还能阻塞土壤孔隙，破坏土壤结构，影响土壤的自净能力，危害作物正常生长。

（3）肥料对土壤的物理污染：土壤的物理污染易被忽视。其实肥料对土壤的物理污染经常可见。如生活垃圾、建筑垃圾未能分筛处理或无害化处理制成的有机肥料中，含有大量金属碎片、玻璃碎片、砖瓦水泥碎片、塑料薄膜、橡胶、废旧电池等不易腐烂物品，进入土壤后不仅影响土壤结构性、保水保肥性、土壤耕性，甚至使土壤质量下降、农产品数量锐减、品质下降，严重者使生态环境恶化。据统计，城市人均一天产生1千克左右的生活垃圾，这些生活垃圾中有1/3物质不易腐烂，若将这些垃圾当做肥料直接施入土壤，那将是巨大的污染源。

2. 肥料对水体的污染　海洋赤潮是当今国家研究的重大课题之一。环境保护部1999年中国环境状况公告：我国近岸海域海水污染严重，1999年，中国海域共记录到15起赤潮。赤潮的频繁发生引起了政府与科学界的极大关注。赤潮的主要污染因子是无机氮和活性磷酸盐。氮、磷、碳、有机物是赤潮微生物的营养物质，为赤潮微生物的系列繁殖提供了物质基础。铁、锰等物质的加入又可以诱发赤潮微生物的繁殖。所以，施肥不当是加速这一过程的重要因素。

在肥料氮、磷、钾三要素中，磷、钾在土壤中容易被吸附或固定，而氮肥易被淋失，所以施肥对水体的污染主要是氮肥的污染。地下水中硝态氮含量的提高与施肥有着密切关系。我国的地下水多数由地表水作为补给水源，地表水污染，势必会影响到地下水水质，地下水一旦受污染后，要恢复是十分困难的。

3. 施肥对大气的污染　施用化肥所造成的大气污染物主要有NH_3、NO_x、CH_4、恶臭及重金属微粒、病菌等。在化肥中，气态氮肥碳酸氢铵中有氨的成分。氨是极易挥发的气态物质，喷施、撒施或覆土较浅时均易造成氨的挥发，从而造成空气中氨的污染。NH_3受光照射或硝化作用生成NO_x，NO_x是光污染物质，其危害更加严重。

叶面肥和一些植物生长调节剂不同程度地含有一些重金属元素，如镉、铅、镍、铬、锰、汞、砷、氟等，虽然它们的浓度较低，但通过喷施会散发在大气中，直接造成大气的污染，危害人类。

有机肥或堆沤肥中的恶臭、病原微生物或者直接散发出让人头晕眼花的气体或附着在灰尘微粒上对空气造成污染。这些大气污染物不仅对人体眼睛、皮肤有刺激作用，其臭味也可引起感官性状的不良反应，还会降低大气能见度，减弱太阳辐射强度，破坏绿色，腐蚀建筑物，恶化居民生活环境，影响人体健康。

4. 施肥对农产品的污染　施肥对农产品的污染首先是表现在不合理施肥致使农产品品质下降，出口受阻，减弱了我国农产品在国际市场的竞争力。被污染的农产品还会以食物链传递的形式危害人类健康。

近年来，随着化肥施用量的逐年增加和不合理搭配，农产品品质普遍呈下降趋势。如粮食中重金属元素超标、瓜果的含糖量下降、苹果的苦痘病、番茄的脐腐病的发病率上升，棉麻纤维变短，蔬菜中硝酸盐、亚硝酸盐的污染日趋严重，食品的加工、储存性变差。施肥对农产品污染的另一个表现是其对农产品生物特性的影响。肥料中的一些生物污染物在污染土壤、大气、水体的同时也会感染农作物，使农作物各种病虫害频繁发生，严重影响了农作物的正常生长发育，致使产量锐减，品种下降。

从五寨县目前施肥品种和数量来看，蔬菜生产上施肥数量多、施肥比例不合理及不正确的施肥方式等问题较为突出，因而造成蔬菜品质下降、地下水水质变差、土壤质量变差等环境问题。

二、农药对农田的影响

（一）农药施用品种及数量

从农户调查情况看，五寨县施用的农药主要有以下几个种类：有机磷类农药，平均亩施用量 2.7 克；氨基甲酸酯类农药，平均亩施用量 1.3 克；菊酯类农药，平均亩施用量 2.2 克；除草剂，平均亩施用量 8.75 克。

（二）农药对农田质量的影响

农药是防治病虫害和控制杂草的重要手段，也是控制某些疾病的病媒昆虫（如蚊、蝇等）的重要药剂。但长期和大量使用农药，也造成了广泛的环境污染。农药污染对农田环境与人体健康的危害，已逐渐引起人们的重视。

当前使用的农药，按其作用来划分，有杀虫剂、杀菌剂和除草剂等，按其化学组成划分为有机氯、有机磷、有机汞、有机砷和氨基甲酸酯等几大类。由于农药种类多，用量大，农药污染已成为环境污染的一个重要方面。

1. 对环境的污染 农药是一种微量的化学环境污染物，它的使用会对空气、土壤和水体造成污染。

2. 对健康的危害 环境中的农药，可通过消化道、呼吸道和皮肤等途径进入人体，对人类健康产生各种危害。

3. 五寨县农药使用所造成的主要环境问题 五寨县施用农药品种多、数量多，因而造成的环境问题也较多，归纳起来，主要有以下 5 个方面。

（1）农药施入大田后直接污染土壤，造成土壤农药残留污染。

（2）造成地下水的污染。

（3）造成农产品质量降低。

（4）破坏大田内生态系统的稳定与平衡。

（5）对土壤微生物群落形成一定程度的抑制作用。

第五章　耕地地力评价与测土配方施肥

第一节　测土配方施肥的原理与方法

一、测土配方施肥的含义

测土配方施肥是以肥料田间试验、土壤测试为基础，根据作物需肥规律、土壤供肥性能和肥料效应，在合理施用有机肥料的基础的上，提出氮、磷、钾及中、微量元素等肥料的施用品种、数量、施肥时期和施肥方法。通俗地讲，就是在农业科技人员指导下科学施用配方肥。测土配方施肥技术的核心是调整和解决作物需肥与土壤供肥之间的矛盾。同时有针对性地补充作物所需的营养元素，作物缺什么元素就补充什么元素，需要多少补充多少，实现各种养分平衡供应，满足作物的需要。达到增加作物产量、改善农产品品质、节省劳力、节支增收的目的。

二、应用前景

土壤有效养分是作物营养的主要来源，施肥是补充和调节土壤养分数量与补充作物营养最有效手段之一。作物因其种类、品种、生物学特性、气候条件以及农艺措施等诸多因素的影响，其需肥规律差异较大。因此，及时了解不同作物种植土壤中的土壤养分变化情况，对于指导科学施肥具有重要的现实意义。

测土配方施肥是一项应用性很强的农业科学技术，在农业生产中大力推广应用，对促进农业增效、农民增收具有十分重要的作用。通过测土配方施肥的实施，能达到5个目标：一是节肥增产。在合理施用有机肥的基础上，提出合理的化肥投入量，调整养分配比，使作物产量在原有的基础上能最大限度地发挥其增产潜能。二是提高产品品质。通过田间试验和土壤养分化验，在掌握土壤供肥状况，优化化肥投入的前提下，科学调控作物所需养分的供应，达到改善农产品品质的目标。三是提高肥效。在准确掌握土壤供肥特性，作物需肥规律和肥料利用率的基础上，合理设计肥料配方。从而达到提高产投比和增加施肥效益的目标。四是培肥改土。实施测土配方施肥必须坚持用地与养地相结合、有机肥与无机肥相结合，在逐年提高作物产量的基础上，不断改善土壤的理化性状，达到培肥和改良土壤，提高土壤肥力和耕地综合生产能力，实现农业可持续发展。五是生态环保。实施测土配方施肥，可有效地控制化肥特别是氮肥的投入量，提高肥料利用率，减少肥料的面源污染，避免因施肥引起的富营养化，实现农业高产和生态环保相协调的目标。

三、测土配方施肥的依据

（一）土壤肥力是决定作物产量的基础

肥力是土壤的基本属性和质的特征，是土壤从养分条件和环境条件方面，供应和协调作物生长的能力。土壤肥力是土壤的物理、化学、生物性质的反映，是土壤诸多因子共同作用的结果。农业科学家通过大量的田间试验和示踪元素的测定证明，作物产量的构成，有40%～80%的养分吸收自土壤。养分吸收自土壤比例的大小和土壤肥力的高低有着密切的关系，土壤肥力越高，作物吸自土壤养分的比例就越大；相反，土壤肥力越低，作物吸自土壤的养分越少，那么肥料的增产效应相对增大，但土壤肥力低绝对产量也低。要提高作物产量，首先要提高土壤肥力，而不是依靠增加肥料。因此，土壤肥力是决定作物产量的基础。

（二）有机与无机相结合、大中微量元素相配合

用地和养地相结合是测土配方施肥的主要原则，实施配方施肥必须以有机肥为基础，土壤有机质含量是土壤肥力的重要指标。增肥有机肥可以增加土壤有机质含量，改善土壤理化、生物性状，提高土壤保水保肥性能，增强土壤活性，促进化肥利用率的提高，各种营养元素的配合才能获得高产稳产。要使作物—土壤—肥料形成物质和能量的良性循环，必须坚持用地养地相结合，投入、产出相对平衡，保证土壤肥力的逐步提高，达到农业的可持续发展。

（三）测土配方施肥的理论依据

测土配方施肥是以养分归还学说、最小养分律、同等重要律、不可代替律、肥料效应报酬递减律和因子综合作用律等为理论依据，以确定不同养分的施肥总量和肥料配比为主要内容。同时注意良种、田间管护等影响肥效的诸多因素，形成了测土配方施肥的综合资源管理体系。

1. 养分归还学说 作物产量的形成有40%～80%的养分来自土壤。但不能把土壤看做一个取之不尽、用之不竭的“养分库”。为保证土壤有足够的养分供应容量和强度，保证土壤养分的携出与输入间的平衡，必须通过施肥这一措施来实现。依靠施肥，可以把作物吸收的养分“归还”土壤，确保土壤肥力。

2. 最小养分律 作物生长发育需要吸收各种养分，但严重影响作物生长、限制作物产量的是土壤中那种相对含量最小的养分因素，也就是最缺的那种养分。如果忽视这个最小养分，即使继续增加其他养分，作物产量也难以提高。只有增加最小养分的量，产量才能相应提高。经济合理的施肥是将作物所缺的各种养分同时按作物所需比例相应提高，作物才会优质优高产。

3. 同等重要律 对作物来讲，不论大量元素或微量元素，都是同样重要缺一不可的，即使缺少某一种微量元素，尽管它需要量很少，仍会影响某种生理功能而导致减产。微量元素和大量元素同等重要，不能因为需要量少而忽略。

4. 不可替代律 作物需要的各种营养元素，在作物体内都有一定功效，相互之间不能替代，缺少什么营养元素，就必须施用含有该元素的肥料进行补充，不能相互替代。

5. 肥料效应报酬　随着投入的单位劳动和资本量的增加，报酬的增加却在减少，当施肥量超过适量时，作物产量与施肥量之间单位施肥量的增产会呈递减趋势。

6. 因子综合作用律　作物产量的高低是由影响作物生长发育诸因素综合作用的结果，但其中必有一个起主导作用的限制因子，产量在一定程度上受该限制因素的制约。为了充分发挥肥料的增产作用和提高肥料的经济效益，一方面，施肥措施必须与其他农业技术措施相结合，发挥生产体系的综合功能；另一方面，各种养分之间的配合施用，也是提高肥效不可忽视的问题。

四、测土配方施肥确定施肥量的基本方法

（一）土壤与植物测试推荐施肥方法

该技术综合了目标产量法、养分丰缺指标法和作物营养诊断法的优点。对于大田作物，在综合考虑有机肥、作物秸秆利用和管理措施的基础上，根据氮、磷、钾和中、微量元素养分的不同特征，采取不同的养分优化调控与管理策略。其中，氮肥推荐根据土壤供氮状况和作物需氮量，进行实时动态监测和精确调控，包括基肥和追肥的调控；磷、钾肥通过土壤测试和养分平衡进行监控；中、微量元素采用因缺补缺的矫正施肥策略。该技术包括氮素实时监控、磷钾养分恒量监控和中、微量元素养分矫正施肥技术。

1. 氮素实时监控施肥技术　根据不同土壤、不同作物、不同目标产量确定作物需氮量，以需氮量的30%～60%作为基肥用量。具体基施比例根据土壤全氮含量，同时参照当地丰缺指标来确定。一般在全氮含量偏低时，采用需氮量的50%～60%作为基肥；在全氮含量居中时，采用需氮量的40%～50%作为基肥；在全氮含量偏高，采用需氮量的30%～40%作为基肥。30%～60%基肥比例可根据上述方法确定，并通过“3414”田间试验进行校验，建立当地不同作物的施肥指标体系，有条件的地区可在播种前对0～20厘米土壤无机氮进行监测，调节基肥用量。

$$\text{基肥用量（千克/亩）}=\frac{\text{（目标产量需氮量}-\text{土壤无机氮）}\times\text{（30\%～60\%）}}{\text{肥料中养分含量}\times\text{肥料当季利用率}}$$

其中：土壤无机氮（千克/亩）＝土壤无机氮测试值（毫克/千克）×0.15×校正系数

氮肥追肥用量推荐以作物关键生育期的营养状况诊断或土壤硝态氮的测试为依据，这是实现氮肥准确推荐的关键环节，也是控制过量施氮或施氮不足、提高氮肥利用率和减少损失的重要措施。测试项目主要是土壤全氮含量、土壤硝态氮含量或小麦拔节期茎基部硝酸盐浓度、玉米最新展开叶脉中部硝酸盐浓度，水稻采用叶色卡或叶绿素仪进行叶色诊断。

2. 磷钾养分恒量监控施肥技术　根据土壤有（速）效磷、钾含量水平，以土壤有（速）效磷、钾养分不成为实现目标产量的限制因子为前提，通过土壤测试和养分平衡监控，使土壤有（速）效磷、钾含量保持在一定范围内。对于磷肥，基本思想是根据土壤有效磷测试结果和养分丰缺指标进行分级，当有效磷水平处在中等偏上时，可以将目标产量需要量（只包括带出田块的收获物）的100%～110%作为当季磷肥用量；随着有效磷含量的增加，需要减少磷肥用量，直至不施；随着有效磷的降低，需要适当增加磷肥用量，

在极缺磷的土壤上，可以施到需要量的150%～200%。在2～3年后再次测土时，根据土壤有效磷和产量的变化再对磷肥用量进行调整。钾肥首先需要确定施用钾肥是否有效，再参照上面方法确定钾肥用量，但需要考虑有机肥和秸秆还田带入的钾量。一般大田作物磷、钾肥料全部做基肥。

3. 中微量元素养分矫正施肥技术 中、微量元素养分的含量变幅大，作物对其需要量也各不相同。主要与土壤特性（尤其是母质）、作物种类和产量水平等有关。矫正施肥就是通过土壤测试，评价土壤中、微量元素养分的丰缺状况，进行有针对性的因缺补缺的施肥。

（二）肥料效应函数法

根据"3414"方案田间试验结果建立当地主要作物的肥料效应函数，直接获得某一区域、某种作物的氮、磷、钾肥料的最佳施用量，为肥料配方和施肥推荐提供依据。

（三）土壤养分丰缺指标法

通过土壤养分测试结果和田间肥效试验结果，建立不同作物、不同区域的土壤养分丰缺指标，提供肥料配方。

土壤养分丰缺指标田间试验也可采用"3414"部分实施方案。"3414"方案中的处理1为空白对照（CK），处理6为全肥区（NPK），处理2、4、8为缺素区（即PK、NK和NP）。收获后计算产量，用缺素区产量占全肥区产量百分数即相对产量的高低来表达土壤养分的丰缺情况。相对产量低于50%的土壤养分为极低；相对产量50%～60%（不含）为低，60%～70%（不含）为较低，70%～80%（不含）为中，80%～90%（不含）为较高，90%（含）以上为高（也可根据当地实际确定分级指标），从而确定适用于某一区域、某种作物的土壤养分丰缺指标及对应的肥料施用数量。对该区域其他田块，通过土壤养分测试，就可以了解土壤养分的丰缺状况，提出相应的推荐施肥量。

（四）养分平衡法

1. 基本原理与计算方法 根据作物目标产量需肥量与土壤供肥量之差估算施肥量，计算公式为：

$$\text{施肥量（千克/亩）}=\frac{\text{目标产量所需养分总量}-\text{土壤供肥量}}{\text{肥料中养分含量}\times\text{肥料当季利用率}}$$

养分平衡法涉及目标产量、作物需肥量、土壤供肥量、肥料利用率和肥料中有效养分含量五大参数。土壤供肥量即为"3414"方案中处理1的作物养分吸收量。目标产量确定后因土壤供肥量的确定方法不同，形成了地力差减法和土壤有效养分校正系数法两种。

地力减差法是根据作物目标产量与基础产量之差来计算施肥量的一种方法。其计算公式为：

$$\text{施肥量（千克/亩）}=\frac{\text{（目标产量}-\text{基础产量）}\times\text{单位经济产量养分吸收}}{\text{肥料中养分含量}\times\text{肥料利用率}}$$

基础产量即为"3414"方案中处理1的产量。

土壤有效养分校正系数法是通过测定土壤有效养分含量来计算施肥量。其计算公式为：

$$\text{施肥量（千克/亩）}=\frac{\text{作物单位产量养分吸收量}\times\text{目标产量}-\text{土壤测试值}\times 0.15\times\text{土壤有效养分校系数}}{\text{肥料中养分含量}\times\text{肥料利用率}}$$

2. 有关参数的确定

目标产量：目标产量可采用平均单产法来确定。平均单产法是利用施肥区前 3 年平均单产和年递增率为基础确定目标产量，其计算公式是：

目标产量（千克/亩）＝（1＋递增率）×前 3 年平均单产（千克/亩）

一般粮食作物的递增率为 10%～15%，露地蔬菜为 20%，设施蔬菜为 30%。

作物需肥量：通过对正常成熟的农作物全株养分的分析，测定各种作物百千克经济产量所需养分量，乘以目标产量即可获得作物需肥量。

$$\text{作物目标产量所需养分量（千克）}=\frac{\text{目标产量（千克）}\times\text{百千克产量所需养分量（千克）}}{100}$$

土壤供肥量：土壤供肥量可以通过测定基础产量、土壤有效养分校正系数两种方法估算：

通过基础产量估算（处理 1 产量）：不施肥区作物所吸收的养分量作为土壤供肥量。

$$\text{土壤供肥量（千克）}=\frac{\text{不施养分区作物产量（千克）}\times\text{百千克产量所需养分量}}{100}$$

通过土壤有效养分校正系数估算：将土壤有效养分测定值乘一个校正系数，以表达土壤真实供肥量。该系数称为土壤养分校正系数。

$$\text{土壤有效养分校正系数（\%）}=\frac{\text{缺素区作物地上部分吸收该元素量（千克/亩）}}{\text{该元素土壤测定值（毫克/千克）}\times 0.15}$$

肥料利用率：一般通过差减法来计算：利用施肥区作物吸收的养分量减去不施肥区农作物吸收的养分量，其差值视为肥料供应的养分量，再除以所用肥料养分量就是肥料利用率。

肥料利用率（%）＝

$$\frac{\text{施肥区农作物吸收养分量（千克/亩）}-\text{缺素区农作物吸收养分量（千克/亩）}}{\text{肥料施用量（千克/亩）}\times\text{肥料中养分含量（\%）}}\times 100$$

上述公式以计算氮肥利用率为例来进一步说明。

施肥区（N2P2K2 区）农作物吸收养分量（千克/亩）："3414" 方案处理 6 的作物总吸氮量；

缺氮区（N0P2K2 区）农作物吸收养分量（千克/亩）："3414" 方案处理 2 的作物总吸氮量；

肥料施用量（千克/亩）：施用的氮肥肥料用量；

肥料中养分含量（%）：施用的氮肥肥料所标明含氮量。

如果同时使用了不同品种的氮肥，应计算所用的不同氮肥品种的总氮量。

肥料养分含量：供施肥料包括无机肥料与有机肥料。无机肥料、商品有机肥料含量按其标明量，不明养分含量的有机肥料养分含量可参照当地不同类型有机肥养分平均含量获得。

第二节 测土配方施肥项目技术内容和实施情况

一、样品采集

按照土样采集操作规程，结合五寨县耕地的实际情况，以村为单位，根据立地条件、土壤类型、利用现状、产量水平、地形部位等的不同，按照平川（梯田）平均每 100～200 亩采一个混合样，丘陵区每 30～80 亩采一个混合样、特殊地形单独定点，每个采样单元的肥力求均匀一致的原则，对全县的 74.46 万亩耕地进行了采样单元划分，并在 2004 年版的土壤利用现状图上予以标注，野外组在实际采样过程中，根据实际情况进行适当调整。全县组建了 6 个野外工作组，共采集土样 5 600 个，覆盖全县 249 个行政村。具体工作流程是：采样布点根据采样村耕地面积和地理特征确定点位和点位数→野外工作带上取样工具（土钻、土袋、调查表、标签、GPS 定位仪等）→联系村对地块熟悉的农户代表→到采样点位选择有代表性地块→GPS 定位仪定位→S 型取样→混样→四分法分样→装袋→填写标签→填写采样点农户基本情况调查表→处理土样→填写送样清单→送化验室化验分析→化验分析结果汇总。

二、田间调查与资料收集

为了给测土配方施肥项目提供准确、可靠的第一手数据，达到理论和实践相结合，按照农业部测土配方施肥规范要求，进行了三次田间调查：一是采样地块基本情况调查，二是农户测土配方施肥准确度调查，三是农户施肥情况调查；共调查农户 6 500 户，填写各种调查表 19 800 份，获得有效数据和信息 35 万项。初步掌握了全县耕地地力条件、土壤理化性状与施肥管理水平。同时收集整理了 1981 年第二次土壤普查、土壤耕地养分调查、历年土壤肥力动态监测、肥料试验及其相关的图件和土地利用现状图、土壤图，五寨土壤等资料。

三、分析化验

根据土样测试技术操作规程要求，2008—2010 年共完成 5 600 个大田土样的测试任务，取得土壤养分化验数据 54 550 项次。其中，大量元素 45 500 项次、中微量元素 9 050 项次，其他项目 10 600 项次。检测项目为：pH、有机质、全氮、碱解氮、有效磷、速效钾、缓效钾、有效硫、有效铜、有效锌、有效铁、有效锰、水溶性硼 14 个项目。

测试方法简述：

pH：采用土液比 1∶2.5，电位法。

有机质：采用油浴加热重铬酸钾氧化容量法。

全氮：采用凯氏蒸馏法。

全磷：采用（选测 10%的样品）氢氧化钠熔融——钼锑抗比色法。

有效磷：采用碳酸氢钠或氟化铵—盐酸浸提——钼锑抗比色法。

速效钾：采用乙酸胺提取——火焰光度计法。

缓效钾：采用硝酸提取——火焰光度计法。

有效硫：采用磷酸盐—乙酸或氯化钙浸提——硫酸钡比浊法。

有效铜、锌、铁、锰：采用 DTPA 提取——原子吸收光谱法。

水溶性硼；采用沸水浸提——甲亚铵—H 比色法或姜黄素比色法。

四、田间试验

依据五寨县项目实施方案，首先对全县主栽作物玉米、马铃薯进行肥效试验，按照试验要求，结合全县不同土壤类型的分布状况及肥力水平等级，参照各区域玉米、马铃薯历年的产量水平，3 年共安“3414”肥料效应完全试验 50 个。其中，2008—2009 年各 20 个，每年玉米、马铃薯各 10 个；2010 年 10 个全部为马铃薯。通过田间试验，初步摸清了土壤养分校正系数、土壤供肥能力、玉米和马铃薯养分吸收量和肥料利用率等基本参数；初步掌握了玉米、马铃薯在不同肥力水平地块的优化施肥量，施肥时期和施肥方法；构建了科学施肥模型，为完善测土配方施肥技术指标体系提供了科学依据。

玉米、马铃薯“3414”实验操作规程如下：

根据五寨县地理位置、肥力水平和产量水平等因素，确定“3414”试验地点→土肥站技术人员编写试验方案→乡（镇）农技人员承担试验→玉米播前召开专题培训会→试验地基础土样采集与调查→规划地块小区→土肥站技术人员按区计算施肥量→不同处理按照方案施肥播种→生育期和农事活动调查记载→收获期测产调查→小区植株取样→小区产量汇总→试验结果分析汇总→撰写试验报告。在试验中除了要求试验人员严格按照试验操作规程操作，做好有关记载和调查外，县土肥站还在作物生长关键时期组织人员到各试验点进行检查指导，确保试验成功。

五、配方制定与校正试验

根据五寨县 2008—2010 年 6 500 个采样点化验结果，应用养分平衡法计算公式，并结合 2008—2010 年马铃薯、玉米“3414”试验初步获得的土壤丰缺指标及相应施肥量，制定了全县主要粮食作物马铃薯、玉米配方施肥总方案，即全县的大配方。再以每个采样地块所代表区域为一个配方小单元，提出 6 500 个配方母卡，再以每个母卡所代表的户数提出各户配方施肥建议，并发放到农民手中，由各级农业技术人员指导农民全面实施。全县共填写发放配方施肥建议卡 12 万份，执行率达到 91.5%。进一步推进了全县测土配方施肥技术的标准化、规范化。同时为客观评价配方肥的施肥效果和施肥效益，校正测土配方施肥技术参数，找出存在的问题和需要改进的地方，进一步优化测土配方施肥技术。为此，根据全县地理位置、土壤类型、肥力水平和产量状况等因素进行了马铃薯、玉米校正试验 76 个，达到了预期的效果。

（一）配方的制定

1. 小配方的制定　以每个采样地块所代表区域为一个配方小单元，提出 6 500 个配方母卡，在每个母卡所代表的户数提出各户配方施肥建议，并发放到农民手中，按照“大配方、小调整”原则，由各级农业技术人员指导农民全面实施。配方的制定：根据平均 6 500个土样的化验测试结果，制定每个采样单元的目标产量，参考山西省及全县玉米、马铃薯形成百千克经济产量的养分数量，采用养分平衡法计算公式，计算出不同产量作物对 N、P_2O_5、K_2O 的需要量。公式：肥料需要量＝（作物吸收养分量－土壤养分测定值×0.15×校正系数）/肥料养分含量（%）×肥料当年利用率，得出 6 500 个土样点所需化肥尿素、过磷酸钙、硫酸钾的用量。由于全县土壤的实际供肥状况，由此引发的部分推荐施肥为精确、最佳施肥量不合理、田间供给不均匀、经济效益不明显等问题。为解决这些问题，根据历年来不同地块的肥效试验，以及当地群众施肥经验和施肥效益，将 6 500个地块玉米、马铃薯达到目标产量需补充尿素、过磷酸钙、硫酸钾的量划分范围，再根据实际对每块地的各种元素的施肥量进行适当调整，如过磷酸钙计算施用量与实际施用量接近，不做调整，尿素计算施肥量小于实际施肥量，考虑到培肥土壤等因素，适当增加尿素的施用量，相对减少硫酸钾施用量。

2. 大配方的制定 根据五寨县 2008—2010 年 6 500 个采样点化验结果，应用养分平衡法计算公式，并结合历年马铃薯、玉米的产量水平，“3414”和校正试验获得的土壤丰缺指标及相应的施肥量，参考往年肥料试验结果和施肥经验等技术参数，按不同区域、不同养分含量、不同产量水平制定了全县主要粮食作物马铃薯、玉米配方施肥总方案，即全县的大配方。

（1）马铃薯施肥配方方案：平谷地、沟坝地、高水肥梯田等高产区域：产量≥1 600 千克/亩，配方：农家肥 2 000 千克/亩，N—P_2O_5—K_2O 为 18—7—10 千克/亩，施用此配方肥 100 千克/亩；产量 1 400～1 600 千克/亩，配方：农家肥 1 500 千克/亩，N—P_2O_5—K_2O 为 16—7—8 千克/亩，施用此配方肥 100 千克/亩。

垣地、沟坝地、梯田中产等区域：产量 1 200～1 400 千克/亩，配方：农家肥 1 500 千克/亩，N—P_2O_5—K_2O 为 14—6—7 千克/亩，施用此配方肥 100 千克/亩；产量 1 000～1 200 千克/亩，配方：农家肥 1 500 千克/亩，N—P_2O_5—K_2O 为 12—6—5 千克/亩，施用此配方肥 100 千克/亩。

丘陵坡地、沟滩地、旱沙地、山地等肥力低下的低产区域：产量 800～1 000 千克/亩，配方：农家肥 1 500 千克/亩，N—P_2O_5—K_2O 为 10—5—3 千克/亩，施用（20—10—6）比例的配方肥 50 千克/亩；产量<800 千克/亩，配方：农家肥 1 500 千克/亩，N—P_2O_5—K_2O 为 8—3—0 千克/亩，施用（16—6—0）比例的配方肥 50 千克/亩。

（2）玉米配方施肥方案：川谷地、沟坝地、高水肥梯田等高产区域：产量≥700 千克/亩，配方：农家肥 1 500 千克/亩，N—P_2O_5—K_2O 为 18—7—5 千克/亩，施用此配方肥 100 千克/亩；产量 600～700 千克/亩，配方：农家肥 1 500 千克/亩，N—P_2O_5—K_2O 为 16—6—5 千克/亩，施用此配方肥 100 千克/亩。

垣地、沟坝地、梯田中产等区域：产量 500～600 千克/亩，配方：农家肥 1 000 千克/亩，N—P_2O_5—K_2O 为 14—6—3 千克/亩，施用此配方肥 100 千克/亩；产量 400～500 千克/亩，配方：农家肥 1 000 千克/亩，N—P_2O_5—K_2O 为 12—5—3 千克/亩，施用此配方肥 100 千克/亩。

丘陵坡地、沟滩地、旱沙地、山地等肥力低下的低产区域：产量 300～400 千克/亩，配方：农家肥 1 000 千克/亩，N—P_2O_5—K_2O 为 12—5—0 千克/亩，施用（24—10—0）比例的配方肥 50 千克/亩；产量<300 千克/亩，配方：农家肥 1 000 千克/亩，N—P_2O_5—K_2O 为 10—5—0 千克/亩，施用（20—10—0）比例的配方肥 50 千克/亩。

（二）校正试验

按照高、中、低肥力水平3年共设立了76个校正试验，其中，马铃薯44个、玉米32个。每个校正试验设置测土配方施肥、农户习惯施肥和空白对照3个处理。各个处理面积为：测土配方施肥、农民习惯施肥处理不少于200米^2，空白（不施肥）处理不少于30米^2。在试验过程中派技术人员对各生育阶段及农艺活动自然情况进行了详细的观察记载，并建立了规范的田间记录档案。从全县3年来安排的76个校正试验结果看，测土配方施肥效果明显，2008年测土施肥区平均比农民常规施肥亩增产马铃薯156千克，亩增产玉米31千克，亩节约肥料投入13～17.5元，亩增收节资46～109元，玉米配方区产投比平均1.93，比习惯施肥区产投比1.19增加0.74；马铃薯配方区产投比平均3.23，比习惯施肥区产投比2.05增加1.18。2009年测土施肥区平均比农民常规施肥亩增产马铃薯75.5千克，亩增产玉米26.5千克，亩节约肥料投入18～20元，亩增收节资87～120.9元，玉米配方区产投比平均3.1，比习惯施肥区产投比1.7增加1.4；马铃薯配方区产投比平均4.3，比习惯施肥区产投比2.1增加2.2。2010年测土施肥区平均比农民常规施肥亩增产马铃薯313千克，亩节约肥料投入17元，亩平均增收节资290元，马铃薯配方区产投比平均8.1，比习惯施肥区产投比3增加5.1。

（三）效果评价

调查农户300户，涉及12个乡（镇），每乡随机抽查10～20户，通过对施肥量、效益标准差及产量效益分析，可以看出农户按照推荐施肥量施肥时实际施用氮、磷比推荐量稍高，施用钾比推荐施肥量少，这与多年形成的施肥模式有关，施用配方肥马铃薯增产8.67%，增效益8.62%；玉米增产7.99%，增效益7.38%，与实际执行情况差异不大。

六、配方肥加工与推广

在配方肥加工与推广中，按照山西省土壤肥料工作站确定的长远方略“一区一方、一县一厂、一户一卡、一村一点、一乡一人”的运作模式进行。

“一区一方”即按照五寨县作物布局和土壤养分状况，确立测土配方施肥分区，每个区域每种作物由县农业局组织专家确定一个主导配方。

“一县一厂”通过调查了解全县将配方肥加工企业确定为山西省农业厅认定的供肥企业原平磷化集团山西天脊集团为项目区配方肥主要供应企业，按照农业局提供的肥料配方生产质优价廉的配方肥。

“一户一卡”即农业局为项目每区个农户提供一张作物施肥建议卡，用大配方（农业局提供给生产企业的配方）小调整（用单质肥料调整总体养分用量）的办法来实现配方到户。

“一村一点”即项目区每个村在县农业局的组织下，设立一个配方肥销售点，为每户农民按配方卡提供配方肥和单质肥料。

“一乡一人”即每个乡（镇）由县农业局指派一名具有中级以上职称的农业技术人员作为技术骨干，和乡（镇）农业技术员共同完成施肥指导工作。

（一）配方肥加工

根据实施方案要求和全县实际情况，配方肥施用主要有两种方式：一是配方肥由定点配肥企业生产供给。即县农业局土肥站根据全县土壤不同肥力状况，“3414”试验结果，本次土壤化验数据，并参以往肥料试验技术参数，制定出五寨县玉米、马铃薯不同产量水平下的区域大配方及养分比例，肥料生产企业按配方生产配方肥，通过服务体系供给农民施用。二是鉴于推荐的定点厂家配方肥在短时期难以被广大农民接受和肥料价格大幅度上涨的原因，为了保质保量完成任务，采取了发给农民配方卡，农民自行购买各种单质肥料，配合使用。五寨县配方肥是由山西省厅认定的供肥企业—原平磷化集团、山西天脊集团。五寨县为配方肥生产企业提供的配方见表 5 - 1。

表 5 - 1　五寨县马铃薯、玉米配方肥配方比例

单位：千克

马铃薯配方				玉米配方			
N	P_2O_5	K_2O	总养分量	N	P_2O_5	K_2O	总养分量
20	10	6	36	18	7	5	30
18	7	10	35	16	6	5	27
16	7	8	31	14	6	3	23
14	6	7	27	12	5	3	20
12	6	5	23	24	10		34
16	6	0	22	20	10		30

（二）配方肥推广

通过考察、洽谈，五寨县的配方肥由原平磷化集团和山西天脊集团生产供给。截至 2010 年制定配方 12 个，在推广过程中通过宣传、培训、县乡村三级科技推广网络服务等形式共完成配方肥施用面积 36 万亩，配方肥总量 24 400 吨，取得了显著效果。

七、化验室建设与质量控制

原有的化验设施因设备落后、年久失修，已经不能满足测土配方施肥项目的需要，为配合项目的顺利实施，在原有设施的基础上规范了总控室、测试室、分析室、浸提室、制水室、土样储存室和药品仪器存放室等；更新了化验台、药品架等基本实施；完善了水、电、暖等附属项目；共投入资金 26.83 万元，购买电子天平 4 台、紫外可见分光光度计 1 台、真空烘箱 1 台、纯水器 1 台、定氮仪 1 台、风干箱 1 台、土样粉碎机 1 台、加热器 10 台以及植株粉碎机、土筛等分析化验仪器 35 台（件）。建立健全了各操作室的各项规章制度。经过整合、修缮、更新，基本建成了设施齐全、功能完善、符合项目要求的县级化验室，为全县测土配方施肥技术的推广应用，以及玉米丰产方建设、优质瓜菜小杂粮基地建设，现代农业的发展提供强有力的保障。

样品化验数据的准确度是整个测土配方施肥的关键，为了很好地完成化验任务，采取走出去、请进来方式对化验人员进行了多形式的专业培训，化验开始之前就选派 3 名化验人员到忻府区化验室进行了为期 1 个多月的培训学习，基本掌握了分析化验的技能，化验过程中还经常请省、市化验专职人员进行技术指导，同时还积极参加了仪器生产厂家的不定期新仪器操作技能培训，以及省、市土肥站举办的各种化验培训，使化验人员掌握了较高的化验技能。全县现有化验员 5 名，均为相关专业毕业的大中专毕业生，基本能为保质保量完成化验任务提供了人员和技术的保障。

为了严格化验室制度，确保化验质量，建立了化验室各种规章制度 57 条，化验仪器及计量器具都要定期进行检测、校正，为确保化验数据的准确性，每 20 个土样要求带空白样 2 个，平行样 1 个，参比样 2 个。另外，采用暗签的方式，对化验重现性进行抽查。从而保证了化验的质量，也保证了化验任务按时完成。2008—2010 年共检验土样 5 600 个，植株样 250 个，土样测试 53 550 项次，其中，大量元素 33 600 项次、中微量元素 9 520项次，其他项目 10 430 项次；植株测试 5 500 项次；取容重土样 50 个，分析 50 项次。

八、数据库建立与地力评价

根据测土配方施肥项目数据库建立要求，按照农业部测土配方施肥数据字典格式，对项目实施 3 年来收集的各种信息数据进行了录入并分类汇总，建立了完整的测土配方施肥属性数据库，涉及田间试验、田间示范、采样地块基本情况、农户施肥情况、土样测试结果、植株测试结果、配方建议卡、配方施肥准确度评价、项目工作情况汇总等九大类信息，280 余万数据量，2009 年顺利完成了数据库升级转换。同时，以第二次土壤普查、历年土壤肥料田间试验、土壤详查等数据资料为基础，收集整理了本次野外调查、田间试验和土壤分析化验数据。委托山西农业大学资环院建立测土配方施肥空间数据库，绘制了土壤图、土壤利用现状图、土壤各种养分含量分布图、采样点位图、测土配方施肥分区图；建立了耕地地力评价与利用数据库，制作了五寨县中低产田分布图、耕地地力等级图等图件。完成了五寨县耕地地力评价与利用技术报告、工作总结报告。

九、技术推广应用

（一）宣传培训

在五寨县范围内采取深入农村组织培训、田间地头实地指导、利用集会散发资料、广播电视专题讲座、醒目位置书写标语等多种形式对测土配方施肥技术进行了全方位的宣传培训。一是在县电视台开辟的“科技园地”栏目中播放讲座、录像。每晚 8 点播放半小时。从 2008 年 3 月 20 日开始，先后播放了农业出版社出版的《平衡施肥》、《测土配方施肥技术》、《玉米、马铃薯需肥特性与测土配方施肥》、《氮肥合理施用技术》、省土肥站副站长张藕珠主讲的“测土配方施肥”等 VCD 光盘，共播放 31 天次；二是利用冬春农闲季节，结合农业部、山西省农业厅、忻州市农业局开展的测土配方施肥技术大培训行动和科技入户春潮行动，五寨县农技中心土肥站技术人员组成 5 个小分队，分片包村，进村办班培训农民，培训方式采取播放投影、教师授课、现场咨询等，占到全县总村数的97%；三是发放技术明白卡；四是先后组织召开了前所村“3414”试验和校正试验点、前所、胡会、新寨等万亩测土配方丰产方氮、磷、钾不同配比配方肥对比试验现场观摩会，让农民代表现身说法介绍了玉米、马铃薯使用配方肥与往年相比生长旺盛的感受，使观摩的农民受到了现场教育。经统计，全县3年共组织各种培训350期，培训65 780人次，培训乡（镇）技术人员350人次，培训农民技术骨干和科技示范户3 000人次，培训农民62 000余人次，培训营销人员430人次，散发技术资料75 000份，网络宣传19期，电视专题讲座31次，报刊宣传28次，书写固定标语65条。科技赶集17次，召开现场会22次。通过较大规模的宣传培训，使广大农民普遍掌握了测土配方施肥技术，营造了测土配方施肥技术的社会氛围，调动了社会各界支持参与测土配方施肥的积极性，推进了测土配方施肥工作的顺利实施。

（二）制作发放配方卡

组织科技人员以测土配方施肥分区为单元，制定了玉米、马铃薯不同产量水平下的施肥推荐，发放到农业部门确定的配方肥销售点和以村为单位进村入户发放到农户家中。施肥卡制作办法是以采样地块农户的土壤养分测定结果来计算不同养分含量的施肥推荐，周边同类地块的其他农户参照本采样单元的土壤化验结果填写发放。配方卡发放实行二联单、农户留存一份，农业局在农户签字后存档一份。采取了县、乡、村分级负责的办法发放配方卡，即抽调县技术人员每人包一个乡，每个乡选了3名责任心强的农技人员、乡土人才负责管理到村，每村责成一名科技副村长或科技示范户发放到户，有的采取进户填写，有的采取集中填写，分户发放，有的直接到地头发放。通过严格奖惩的办法，调动了各级人员的积极性，共发放配方卡12万份，使项目区测土配方施肥建议卡入户率达到了100%，执行率达到了91.3%。

（三）试验示范与推广

2008—2010年，五寨县在完成50个“3414”试验、76个校正试验的基础上，全县3年建成马铃薯、玉米万亩示范园6个，千亩示范片9个，20～100亩村级示范方75个，配方卡上墙130个村，设立长期跟踪示范观察点37个，观察点分布在全县12个乡镇37个村高、中、低不同肥力地块。示范点依据土样化验数据拟定施肥配方卡，农户按卡式施肥。全县300户马铃薯、玉米测土施肥跟踪调查汇总结果表明，马铃薯配方推荐施肥平均增产8.67%，增效益8.62%；玉米配方推荐施肥平均增产7.99%，增效益7.38%，与实际执行结果差异不大，准确度达到88.5%。通过以上工作的具体实施，有效地扩大了测土配方施肥项目在全县的影响，极大地提高农民对测土配方施肥技术的认识，使全县上下形成推广应用测土配方施肥技术的良好氛围，有力地促进了测土配方施肥技术的推广应用。

2008—2010年，五寨县共推广完成测土配方施肥技术面积90万亩，涉及五寨县249个行政村的35 000个农户，发放配方卡120 000份。配方肥施用面积26万亩次，配方肥施用总量16 400吨。其中玉米推广面积60万亩、马铃薯推广面积30万亩。总增产玉米2.7万吨、马铃薯4.68万吨，总减不合理施肥量970吨（纯量），总增收节支9 016万元，取得了显著成效。

十、施肥指标体系建设

五寨县是一个杂粮县，栽培面积较大的作物是玉米、马铃薯，在玉米、马铃薯施肥指标体系建立过程中，将建立玉米、马铃薯高标准“3414”试验和校正试验作为关键抓手，50个“3414”试验和76个校正试验在试验实施前都编制了试验计划书和试验规则，与承试户签订协议，并着专人管理，负责试验安排、试验全过程的观察记载，以及试验数据的分析、整理和试验报告的编写。由于方案明确、措施得力，试验基本获得成功，得出了全县主栽作物玉米、马铃薯在不同土壤养分状况下的养分丰缺指标，料肥效应参数等技术参数，初步建立了全县农作物施肥指标体系，为测土配方施肥技术的进一步完善推广提供了科学依据。

十一、专家系统开发

专家系统开发有利于测土配方施肥技术研究，有利于测土配方施肥技术的宣传培训，有利于测土配方施肥成果的推广应用。配方施肥的最新成果能让农民通过网络，电话、电视、多媒体、现场培训等形式学习施肥新技术、应用配方成果。全县专家系统开发，在聘请省、市土肥专家，利用全县专家，请知名专家对县农业技术骨干进行培训，农业技术骨干再深入乡村举行培训班并发放培训资料的基础上，已开通了专家用电视广讲座，“五寨县农业信息网”网络联网，服务热线电话咨询，多媒体现场培训等信息平台，辖区内各级农业技术推广单位，各级分管农业的领导干部，科技示范户和种粮大户，以及广大农民群众都可以随时随地通过网络和热线电话咨询测土配方施肥技术，上网查询了解信息和化肥发展动态。目前，全县农业技术推广中心土肥站能够通过土壤测试结果进行肥力分区开展测土配方施肥技术指导和量化施肥，还可以在一定程度上开展进行养分平衡法计算施肥，因为这种方法在很大程度上依赖五大参数的准确度，由于参数较难准确确定，目前技术应用还有一定局限，有待进一步提高技术应用水平。

第三节　田间肥效试验及施肥指标体系建立

根据农业部及山西省农业厅测土配方施肥项目实施方案的安排和省土肥站制定的《山西省主要作物“3414”肥料效应田间试验方案》、《山西省主要作物测土配方施肥示范方案》所规定的标准，为摸清五寨县土壤养分校正系数，土壤供肥能力，不同作物养分吸收量和肥料利用率等基本参数；掌握农作物在不同施肥单元的优化施肥量，施肥时期和施肥方法；构建农作物科学施肥模型，为完善测土配方施肥技术指标体系提供科学依据，从2008年春播起，在大面积实施测土配方施肥的同时，安排实施了各类试验示范128点次，取得了大量的科学试验数据，为下一步的测土配方施肥工作奠定了良好的基础。

一、测土配方施肥田间试验的目的

田间试验是获得各种作物最佳施肥品种、施肥比例、施肥时期、施肥方法的唯一途径，也是筛选、验证土壤养分测试方法、建立施肥指标体系的基本环节。通过田间试验，掌握各个施肥单元不同作物优化施肥数量，基、追肥分配比例，施肥时期和施肥方法；摸清土壤养分校正系数、土壤供肥能力、不同作物养分吸收量和肥料利用率等基本参数；构建作物施肥模型，为施肥分区和肥料配方设计提供依据。

二、测土配方施肥田间试验方案的设计

（一）田间试验方案设计

按照农业部《规范》的要求，以及山西省农业厅土壤肥料工作站《测土配方施肥实施方案》的规定，根据五寨县主栽作物为马铃薯和春玉米的实际，采用“3414”方案设计，设计方案见表 5-2。“3414”设计方案是指氮、磷、钾 3 个因素、4 小水平、14 个处理。4 个水平的含义：0 水平指不施肥；2 水平指当地推荐施肥量；1 水平＝2 水平×0.5；3 水平＝2 水平×1.5（该水平为过量施肥水平）。马铃薯“3414”试验二水平处理的施肥量（千克/亩），N 12 千克/亩、P_2O_5 8 千克/亩、K_2O 12 千克/亩；玉米二水平处理的施肥量，N 14 千克/亩、P_2O_5 8 千克/亩、K_2O 8 千克/亩；校正试验设配方施肥示范区、常规施肥区、空白对照区 3 个处理。按照省土肥站示范方案进行。

表 5-2 “3414”完全试验设计方案内容

试验编号	处理编码	施肥水平		
		N	P	K
1	$N_0P_0K_0$	0	0	0
2	$N_0P_2K_2$	0	2	2
3	$N_1P_2K_2$	1	2	2
4	$N_2P_0K_2$	2	0	2
5	$N_2P_1K_2$	2	1	2
6	$N_2P_2K_2$	2	2	2
7	$N_2P_3K_2$	2	3	2
8	$N_2P_2K_0$	2	2	0
9	$N_2P_2K_1$	2	2	1
10	$N_2P_2K_3$	2	2	3
11	$N_3P_2K_2$	3	2	2
12	$N_1P_1K_2$	1	1	2
13	$N_1P_2K_1$	1	2	1
14	$N_2P_1K_1$	2	1	1

（二）试验材料

供试肥料分别为含 N 46%的尿素，含 P_2O_5 12%的过磷酸钙，含 K_2O 33%硫酸钾。

施肥方式：春玉米磷、钾肥全部、氮肥 2/3 做底肥，1/3 氮肥在拔节期至大喇叭口期追施。

三、测土配方施肥田间试验方案的实施

（一）地点与布局

在多年耕地土壤肥力动态监测和耕地分等定级的基础上，将五寨县耕地进行高、中、低肥力区划，确定不同肥力的测土配方施肥试验所在地点，同时在对承担试验的农户科技水平与责任心、地块大小、地块代表性等条件综合考察的基础上，确定试验地块。试验田的田间规划、施肥、播种以及生育期观察、田间调查、室内考种、收获计产等工作都由专业技术人员严格按照田间试验技术规程进行操作。

测土配方施肥"3414"试验主要在马铃薯和玉米上进行，不设重复。2008—2010 年，在马铃薯上已进行"3414"试验 30 点次，校正试验 44 点次；在玉米上已进行"3414"类试验 20 点次，校正试验 32 点次。

（二）试验地块选择

试验地选择平坦、整齐、肥力均匀，具有代表性的不同肥力水平的地块；坡地选择坡度平缓、肥力差异较小的田块；试验地避开了道路、堆肥场所等特殊地块。

（三）试验作物品种选择

供试作物为五寨县主要作物马铃薯、玉米，供试品种为当地主栽作物品种或拟推广品种。

（四）试验准备

整地：小区整理堰要高，设置保护行，试验地区划；小区排列：为保证试验精度，减少人为因素、土壤肥力和气候因素的影响，"3141"完全试验不设重复，采用随机区组排列，区组内土壤、地形等条件应相对一致，区组间允许有误差；试验前采集基础土壤样。

（五）测土配方施肥田间试验的记载

田间试验记载的具体内容和要求如下。

1. 试验地基本情况包括

（1）地点：省、市、县、村、邮编、地块名、农户姓名。

（2）定位：经度、纬度、海拔。

（3）土壤类型：土类、亚类、土属、土种。

（4）土壤属性：土体构型、耕层厚度、地形部位及农田建设、侵蚀程度、障碍因素、地下水位等。

2. 试验地土壤、植株养分测试　有机质、全氮、碱解氮、有效磷、速效钾、pH 等土壤理化性状，必要时进行植株营养诊断和中微量元素测定等。

3. 气象因素　多年平均及当年月气温、降水、日照和湿度等气候数据。

4. 前茬情况　作物名称、品种、品种特征、亩产量，以及 N、P、K 肥和有机肥的用量、价格等。

5. 生产管理信息　灌水、中耕、病虫防治、追肥等。

6. 基本情况记录 品种、品种特性、耕作方式及时间、耕作机具、施肥方式及时间、播种方式及工具等。

7. 生育期记录

（1）马铃薯主要记录：播种期、播种量、平均株行距、出苗期、幼苗期、现蕾期、开花期、薯块膨大期、成熟期等。

（2）春玉米主要记录：播种期、播种量、平均行距、平均株距、出苗期、拔节期、大喇叭口期、抽雄期、吐丝期、灌浆期、成熟期等。

8. 经济指标及室内考种记载

（1）马铃薯主要调查和室内记载：亩株数、株高、茎粗、茎数、株薯块数量、亩收获薯块数量、薯块质量、小区产量等。

（2）玉米主要调查和室内考种记载：亩株数、株高、单株次生根、穗位高及节位、亩收获穗数、穗长、穗行数、穗粒数、百粒重、小区产量等。

四、田间试验实施情况

（一）试验情况

1. "3414"完全试验 2008—2010年共安排50点次，其中马铃薯30点次，玉米20点次。分别设在12个乡（镇）的12个村庄。

2. 校正试验 3年共安排76点次，其中马铃薯44点次，分布在12个乡（镇）的12个村庄；玉米32点次，分布在12个乡（镇）的12个村庄。

（二）试验示范效果

"3414"完全试验

（1）马铃薯"3414"试验：共试验30点次。综观试验结果，马铃薯的肥料障碍因子首位的是氮，其次才是磷钾因子。经对各点次试验产量结果与不同处理进行回归分析，得到三元二次方程30个，其相关系数全部达到极显著水平。

（2）玉米"3414"试验：共有20点次。共获得三元二次回归方程20个，相关系数全部达到极显著水平。

（三）校正试验

2008—2010年，共进行马铃薯、玉米校正试验76点次，其中马铃薯44个点次，通过连续3年的校正试验、马铃薯配方施肥区平均比常规施肥区亩增产11.55%；玉米34个点，配方施肥区平均比常规施肥区亩增产玉米8.05%。

五、初步建立了马铃薯、玉米测土配方施肥丰缺指标体系

（一）初步建立了作物需肥量、肥料利用率、土壤养分校正系数等施肥参数

1. 作物需肥量 作物需肥量的确定，首先应掌握作物100千克经济产量所需的养分量。通过对正常成熟的农作物全株养分的分析，可以得出各种作物的100千克经济产量所需养分量。五寨县马铃薯百千克产量所需纯养分量为N：0.5千克、P_2O_5：0.2千克、

K_2O：1.02 千克；玉米 100 千克产量所需纯养分量为 N：2.57 千克、P_2O_5：0.86 千克、K_2O：2.14 千克；计算公式为：作物需肥量＝［目标产量（千克）/100］×100 千克所需养分量（千克）。

2. 土壤供肥量　土壤供肥量可以通过测定基础产量，土壤有效养分校正系数两种方法计算。

（1）通过基础产量计算：不施肥区作物所吸收的养分量作为土壤供肥量，计算公式：

土壤供肥量＝

［不施肥养分区作物产量（千克）÷100］×100 千克产量所需养分量（千克）

（2）通过土壤养分校正系数计算：将土壤有效养分测定值乘一个校正系数，以表达土壤真实的供肥量。

确定土壤养分校正系数的方法是：校正系数＝缺素区作物地上吸收该元素量/该元素土壤测定值×0.15。根据这个方法，初步建立了五寨县马铃薯、玉米田不同土壤养分含量下的碱解氮、有效磷、速效钾的校正系数，见表 5－3、表 5－4。

表 5－3　五寨县马铃薯土壤养分含量及校正系数

单位：毫克/千克

碱解氮	含量	＜40	40～70	70～100	100～130	＞130
	校正系数	＞1	1～0.8	0.8～0.6	0.6～0.4	＜0.4
有效磷	含量	＜5	5～10	10～15	15～20	＞20
	校正系数	＞2.2	2.3～1.7	1.7～1.1	11.～0.7	＜0.7
速效钾	含量	＜50	50～100	100～150	150～200	＞200
	校正系数	＞0.9	0.9～0.7	0.7～0.5	0.5～0.4	＜0.4

表 5－4　五寨县玉米土壤养分含量及校正系数

单位：毫克/千克

碱解氮	含量	＜40	40～70	70～100	100～130	＞130
	校正系数	＞1.1	1.1～0.9	0.9～0.7	0.7～0.4	＜0.4
有效磷	含量	＜5	5～10	10～15	15～20	＞20
	校正系数	＞2.4	2.4～1.9	1.9～1.4	1.4～0.8	＜0.8
速效钾	含量	＜50	50～100	100～150	150～200	＞200
	校正系数	＞1	1～0.7	0.7～0.5	0.5～0.35	＜0.35

3. 肥料利用率　肥料利用率通过差减法来求出。方法是：利用施肥区作物吸收的养分量减去不施肥区作物吸收的养分量，其差值为肥料供应的养分量，再除以所用肥料养分量就是肥料利用率。根据这个方法，初步得出五寨县马铃薯、玉米田肥料利用率分别为：尿素 37％～41％、过磷酸钙 13％～20％、硫酸钾 36％～42％。

4. 马铃薯、玉米目标产量的确定方法　利用施肥区前 3 年平均单产和年递增率为基础确定目标产量，其计算公式是：

目标产量（千克/亩）=（1+年递增率）×前3年平均单产（千克/亩）

马铃薯、玉米的递增率为10%～15%为宜。

5. 施肥方法 最常用的施肥方法有条施、撒施深翻、穴施。基肥采用条施、撒施深翻或穴施；追肥采用条施后中耕或穴施。施肥深度8～10厘米。基肥一次施入；追肥根据不同情况施入。高产田基肥占施肥数量的40%～50%，追肥占施肥数量的50%～60%；中低产田基肥占施肥数量的60%～70%，追肥占施肥数量的30%～40%。

（二）初步建立了马铃薯、玉米施肥丰缺指标体系

通过对马铃薯、玉米3414各试验点相对产量与土测值的相关分析，按照相对产量达≥95%、95%～90%、90%～75%、75%～50%、<50%将土壤养分划分为极高、高、中、低、极低5个等级，初步建立了五寨县马铃薯、玉米测土配方施肥丰缺指标体系。同时经过计算获得不同等级的推荐施肥量。

1. 五寨县玉米丰缺指标

（1）五寨县玉米丰缺指标：

①五寨县玉米有效磷丰缺指标见表5-5。

②五寨县玉米速效钾丰缺指标见表5-6。

表5-5 五寨县玉米有效磷丰缺指标

等级	相对产量（%）	土壤磷含量（毫克/千克）	亩施肥量（千克）	
			P_2O_5	12%过磷酸钙
极高	>94	>23	2	17
高	87～94	16～23.0	2～4	17～33
中	75～87	8.5～16	4～6	33～50
低	55～75	3.0～8.5	6～8	50～67
极低	<55%	<3.0	8～9	67～75

表5-6 五寨县玉米速效钾丰缺指标

等级	相对产量（%）	土壤钾含量（毫克/千克）	亩施肥量（千克）	
			K_2O	33%硫酸钾
极高	>96	>155	0	0
高	90～96	132～155	0	0
中	76～90	92～132	3	9
低	62～76	92～64	3～5	9～15
极低	<62	<64	5～6	15～18

（2）五寨县玉米区域丰缺指标

①五寨县玉米亩产≥700、600～700千克的平川地、沟坝地、梯田等肥力水平较高区域有效磷、速效钾丰缺指标分别见表5-7、表5-8。

表 5-7　玉米亩产≥700、600～700 千克高产区域有效磷丰缺指标

等级	相对产量（%）	土壤磷含量（毫克/千克）	亩施肥（千克）	
			P_2O_5	12%过磷酸钙
极高	>95	>21	2	17
高	90～95	17～21.0	2～4	17～33
中	83～90	12～17.0	3～5	25～42
低	73～83	8.0～12.0	4～6	33～50
极低	<73	<8.0	5～7	42～58

表 5-8　玉米亩产≥700、600～700 千克高产区域速效钾丰缺指标

等级	相对产量（%）	土壤钾含量（毫克/千克）	亩施肥（千克）	
			K_2O	33%硫酸钾
极高	>95	>153	0	0
高	90～95	135～153	3	9
中	83～90	114～135	3～5	9～15
低	75～83	90～114	4～6	12～18
极低	<75	<90	5～7	15～21

②五寨县玉米亩产 400～600 千克的丘陵垣地、沟坝地、梯田等中等肥力区域有效磷、速效钾丰缺指标分别见表 5-9、表 5-10。

表 5-9　玉米亩产 400～600 千克中产区有效磷丰缺指标

等级	相对产量（%）	土壤磷含量（毫克/千克）	亩施肥（千克）	
			P_2O_5	12%过磷酸钙
极高	>94	>16	2	17
高	87～94	13～16.0	2～3	17～25
中	78～87	10～13.0	3～4	25～33
低	70～78	7.0～13.0	4～5	33～42
极低	<70	<7.0	5～6	42～50

表 5-10　玉米亩产 400～600 千克中产区速效钾丰缺指标

等级	相对产量（%）	土壤钾含量（毫克/千克）	亩施肥（千克）	
			K_2O	33%硫酸钾
极高	>93	>145	0	0
高	87～93	110～145	0	0
中	73～87	74～110	2	6
低	65～73	57～74	2～3	6～9
极低	<65	<57	3～4	9～12

③五寨县玉米亩产量 300～400 千克、≤400 千克的丘陵坡地、沟滩地、旱沙地等力

区域有效磷、速效钾丰缺指分别见表 5-11、表 5-12。

表 5-11 玉米 300～400 千克、≤400 千克低产区域有效磷丰缺指标

等级	相对产量（%）	土壤磷含量（毫克/千克）	亩施肥（千克）	
			P_2O_5	12%过磷酸钙
极高	>80	>15	2	17
高	75～80	11～15.0	2～3	17～25
中	65～78	6～11.0	3～4	25～34
低	50～65	3.0～6.0	4～5	34～42
极低	<50	<3.0	5～6	42～50

表 5-12 玉米 300～400 千克、≤400 千克低产区域速效钾丰缺指标

等级	相对产量（%）	土壤钾含量（毫克/千克）	亩施肥（千克）	
			K_2O	33%硫酸钾
极高	>80	>135	0	0
高	72～62	100～135	0	0
中	62～72	75～100	0	0
低	52～62	56～75	2	6
极低	<52%	<56	2～3	6～9

2. 五寨县马铃薯丰缺指标

（1）五寨县马铃薯县域丰缺指标：

①五寨县玉米有效磷丰缺指标见表 5-13。

②五寨县玉米速效钾丰缺指标见表 5-14。

表 5-13 五寨县马铃薯有效磷丰缺指标

等级	相对产量（%）	土壤磷含量（毫克/千克）	亩施肥量（千克）	
			P_2O_5	12%过磷酸钙
极高	>95	>17.6	2	17
高	88～95	13.2～17.6	2～3	17～33
中	73～88	7～13.2	3.0～4	25～34
低	54～73	3.0～7.0	4.0～5	34～42
极低	<54	<3.0	5～6	42～50

表 5-14 五寨县马铃薯速效钾丰缺指标

等级	相对产量（%）	土壤钾含量（毫克/千克）	亩施肥量（千克）	
			K_2O	33%硫酸钾
极高	>93	>152	0	0
高	86～93	123～152	3	9
中	74～86	83～123	3～5	9～15

（续）

等级	相对产量（%）	土壤钾含量（毫克/千克）	亩施肥量（千克）	
			K_2O	33%硫酸钾
低	55～74	45～83	5～7	15～21
极低	<55	<45	7～8	21～24

（2）五寨县马铃薯区域丰缺指标：

①马铃薯亩产≥1 600千克、1 400～1 600千克的平川地、沟坝地、梯田等肥力水平较高区域有效磷、速效钾丰缺指标分别见表5-15、表5-16。

表5-15　马铃薯亩产≥1 600千克、1 400～1 600千克高产区域有效磷丰缺指标

等级	相对产量（%）	土壤磷含量（毫克/千克）	亩施肥量（千克）	
			P_2O_5	12%过磷酸钙
极高	>95	>17	2	17
高	90～95	14.0～17	2～4	17～33
中	83～90	10～14.0	3～5	25～42
低	75～83	7.5～10	4～6	33～50
极低	<75	<7.5	5～7	42～58

表5-16　马铃薯亩产≥1 600千克、1 400～1 600千克高产区域速效钾丰缺指标

等级	相对产量（%）	土壤钾含量（毫克/千克）	亩施肥量（千克）	
			K_2O	33%硫酸钾
极高	>95	>170	3	9
高	90～95	130～170	3～5	9～15
中	85～90	95～130	5～7	15～21
低	85～80	70～95	7～9	21～27
极低	<80	<70	9～10	27～30

②五寨县马铃薯亩产1 000～1 400千克的丘陵垣地、沟坝地、梯田等中等肥力区域有效磷、速效钾丰缺指标分别见表5-17、表5-18。

表5-17　马铃薯亩产1 000～1 400千克中产区域有效磷丰缺指标

等级	相对产量（%）	土壤磷含量（毫克/千克）	亩施肥量（千克）	
			P_2O_5	12%过磷酸钙
极高	>91	>16	2	17
高	90～93	10～16.0	2～3	17～25
中	85～90	6～10.0	3～4	25～33
低	70～85	3.0～6.0	4～5	33～42
极低	<70	<3.0	5～6	42～50

表 5-18　马铃薯亩产 1 000～1 400 千克中产区域速效钾丰缺指标

等级	相对产量（%）	土壤钾含量（毫克/千克）	亩施肥量（千克）	
			K_2O	33%硫酸钾
极高	>91	>145	0	0
高	86～91	115～145	3～5	9～15
中	78～86	80～115	4～6	12～18
低	70～78	55～80	5～7	15～21
极低	<70	<55	6～8	18～24

③五寨县马铃薯亩产量 800～1 000 千克、≤800 千克的丘陵坡地、沟滩地、旱沙地、山地区等肥力较低区域有效磷、速效钾丰缺指标分别见表 5-19、表 5-20。

表 5-19　马铃薯亩产量 800～1 000 千克、≤800 千克低产区域有效磷丰缺指标

等级	相对产量（%）	土壤磷含量（毫克/千克）	亩施肥量（千克）	
			P_2O_5	12%过磷酸钙
极高	>90	>15	2	17
高	84～90	12.5～15	2	17
中	70～84	8.0～12.5	2～3	17～25
低	50～70	4.5～8.0	3～4	25～33
极低	<50	<4.5	4～5	33～42

表 5-20　马铃薯亩产量 800～1 000 千克、≤800 千克低产区域速效钾丰缺指标

等级	相对产量（%）	土壤钾含量（毫克/千克）	亩施肥量（千克）	
			K_2O	33%硫酸钾
极高	>92	>135	0	0
高	86～92	116～135	0	0
中	70～86	79～116	2	6
低	53～70	52～79	2～3	6～9
极低	<53	<52	3～4	9～12

第四节　主要作物的测土配方施肥技术

一、马铃薯测土配方施肥技术

五寨县历年马铃薯的种植面积在 10 万亩左右，占全县总耕地面积的 20%左右，马铃薯产量的高低直接关系着人民的生活安定和社会的稳定。

（一）马铃薯的需肥特征

1. 马铃薯的需肥量　马铃薯是高产喜钾作物，对肥料的反应极为敏感。据测定，每生产 100 千克鲜薯，约需从土壤中吸收纯氮 0.55 千克、磷 0.22 千克、钾 1.02 千克，氮磷钾的吸收比例为1∶0.4∶1.85。所以，马铃薯对肥料三要素的需要以钾最多，氮次之，磷最少。随着马铃薯产量的提高，对氮、磷、钾的吸收量也相应提高。

2. 马铃薯对养分的需求特征

（1）氮：氮素肥料对马铃薯生长有重要作用，氮是作物体内许多重要有机化合物的组成部分，如蛋白质、叶绿素、生物碱和一些激素等都含有氮。氮素营养充足时，能促使马铃薯茎叶生长，枝叶繁茂，叶色浓绿，同化面积大，延长叶片功能期，光合作用旺盛，净光合生产率提高，利于养分积累，以提高块茎的干物质含量、蛋白质含量和产量。

施用氮肥过量时，会引起植株徒长，茎叶相互遮阴，叶片的光合效率降低，植株底部叶片不见光而变黄脱落，延迟结薯，降低产量。湿度大时，由于植株郁闭，通风透风性差，晚疫病发生严重，导致减产。种薯生产田过量施用氮肥，能使花叶病毒症状隐蔽，不利于拔除病株；同时延迟成龄株抗性形成，蚜虫传播病毒后，增殖快、运转到新生块茎中的速度快，导致种薯退化。

氮肥不足，特别是低温多雨年份，缺乏有机质或酸性过强的土壤，容易发生缺氮现象。植株缺氮，根系发育不良、生长缓慢，茎秆细弱，植株矮小，叶片小而薄，与茎的角度变小，叶色变成黄绿或灰绿、分枝少，开花早而花量少，植株基部叶片逐渐褪绿、脱落，并向顶部叶片扩展。严重缺氮时，植株生长后期，基部老叶全部呈黄色或黄白色，只有顶部很少的绿色叶片。马铃薯缺氮，不仅减产，而且影响块茎品质。

马铃薯高产栽培应根据土壤类型，增施有机肥，合理施用氮肥。如由于缺氮，需要追肥时，必须在出齐苗后，早追氮肥，氮肥追施过晚，易引起茎叶徒长，影响结薯。

（2）磷：磷是植物体内多种重要化合物如核酸、核苷酸、磷脂等的组成成分，同时参与体内碳水化合物的合成，并参与碳水化合物分解成单糖，提供马铃薯生长的能量，以及脂肪代谢等。磷肥促进根系发育，增强植株的抗旱、抗寒能力和适应性。磷肥充足时，能提高氮肥利用效率，幼苗发育健壮，有利于植株体内各种物质的转化和代谢，促进植株早熟，增加块茎干物质和淀粉积累，提高块茎品质、增强耐储性。

缺磷常发生在各种土壤中，特别是酸性、黏重土壤，有效态磷易被固定而不能为作物吸收，土壤中磷的利用率很低，马铃薯一般只能吸收10%，土壤中约90%的磷不能为马铃薯吸收利用，在沙质土壤中，保肥力差，更易发生缺磷现象。

磷肥不足，生育初期症状明显，根系的数量和长度减少，植株生长缓慢，茎秆矮小或细弱僵立，缺乏弹性，分枝减少，叶柄上竖，叶片变小，向上卷曲，叶色暗绿无光泽，光合效率低。严重缺磷的植株基部叶片叶尖褪绿变褐，逐渐向全叶扩展，叶片黄化，最后整个叶片枯萎脱落，并向下向上扩展到植株顶部。块茎开始形成、膨大和淀粉的积累都需要磷的参与，缺磷会减少匍匐茎数量、使块茎少而小，有时块茎薯肉会出现褐色斑，蒸煮时锈斑薯肉变硬，影响产量和品质。

为提高马铃薯产量，应重视磷肥施用。在马铃薯播种的同时，应以氮、磷、钾速效性复合颗粒肥作种肥施入播种沟内。尤其在酸性土、黏重土和沙性土种植马铃薯时，应特别注意施用磷肥。生长期间如发现缺磷，应及时进行叶面喷施0.1%～0.2%的磷酸二氢钾溶液，傍晚喷施，易于为植株吸收，一般喷施2～3次。

（3）钾：马铃薯为喜钾作物，需钾量很多。钾肥在马铃薯植株体不形成稳定的化合物，呈离子状态存在。钾主要起调节生理功能的作用，促进光合作用和提高二氧化碳的同化率，促进光合产物的运输，促进体内蛋白质、淀粉、纤维素的合成与积累。钾素调节细肥渗透作用，激活酶的活性，钾肥充足，植株生长健壮，茎秆坚实，叶片增厚，延迟叶片衰老，增强抗寒和抗病性。此外，钾素营养对马铃薯的品质有重要影响。

钾素不足，植株生长缓慢，节间缩短，植株呈丛生状；缺钾使植株基部叶片最先变成褐色或古铜色斑，以后坏死、枯萎，逐渐向中部、顶部叶片发展。小叶叶片小，叶表粗糙，叶尖及叶缘上卷，并由绿逐渐变为暗绿、黄褐色，最后发展至全叶。缺钾还会造成根系发育不良，吸收能力减弱，匍匐茎缩短，块茎变小，产量低，品质差，有的品种蒸煮时薯肉呈灰黑色。

我国北方土壤中，钾的含量丰富，在目前生产水平，一般不会缺钾；而五寨县由于马铃薯等喜钾作物种植面积逐年扩大，良种良法配套实施产量不断提高，马铃薯施钾已有明显的增产效果，所以生产中应重视施用钾肥。生育期间缺钾，要及时用0.2%～0.3%的磷酸二氢钾水溶液进行叶面喷施，每隔5～7天喷洒1次，连喷2～3次。

（4）钙：钙在块茎中的含量约占各种矿质营养元素的7%，相当于钾的1/4，含量虽少，但钙是马铃薯生长发育所必需的营养元素之一，钙是构成细胞壁的重要元素，还对细胞膜构成和渗透性以及在细胞伸长和分裂方面起重要作用。钙除作为营养供植株吸收利用外，还能中和土壤酸性，抑制其他元素的毒害作用。

当植株缺钙时，分生组织首先受害，植株的顶芽、侧芽、根尖等分生组织首先出现缺素症，细胞壁的形成受阻，从而影响细胞分裂，在植株形态上表现叶片变小，小叶边缘上卷而皱缩，叶缘黄化，后期坏死；茎节缩短，植株顶部呈丛生状，叶片、叶柄及茎上出现杂色斑点。缺钙时，块茎短缩、畸形，髓部出现褐色而分散的坏死斑点，易发生空心或黑心，储藏后，出芽时，有时芽顶端出现褐色坏死，甚至全芽坏死。

五寨县大多数土壤为石灰性土壤，钙含量丰富，一般种植马铃薯不会缺钙，不必考虑钙的施用。

（5）镁：镁是叶绿素的构成元素之一，因此它与植株的光合作用密切相关。镁也是多种酶的活化剂，影响呼吸作用，并影响核酸、蛋白质的合成和碳水化合物的代谢。

植株缺镁时首先影响到叶绿素的合成，其症状是从基部叶片的小叶边缘开始由绿变黄，逐渐发展到上部叶片，叶片脉间黄化，叶脉仍呈绿色。严重缺镁时，叶色由黄变褐，叶片变厚、变脆并向上卷曲，最后病叶枯萎脱落，植株早衰而严重减产。

缺镁多发生在沙质和酸性土壤。近年来，由于各地化肥的施用量迅速增加，土壤趋向酸性化，这是造成土壤缺镁的重要原因之一。此外，施用钾肥过多时，会抑制植株对镁的吸收，而引起缺镁。

在酸性和沙质土壤中增施镁肥，对马铃薯有较好的增产效果。土壤缺镁时，应沟施硫酸镁或其他含镁肥料（如钙镁磷肥等）；植株缺镁时，可用0.5%的硫酸镁溶液进行叶面喷施，每隔5～7天喷施一次，直至植株的缺镁症状消失。

（6）硼：硼是马铃薯生长发育不可缺少的重要微量元素之一，虽然植株对硼的需要量很少，但硼对分生组织和新细胞的发育、花粉萌动及其生长、正常受粉、坐果和结籽都有重要作用。硼在植株体内能促进碳水化合物的合成、代谢、运转，以及细胞的分裂，加速植株生长和叶面积的形成，促进块茎中干物质和淀粉的积累。

植株缺硼时，生长缓慢，主茎和侧芽的生长点坏死，节间缩短，主茎基部有褐色斑点出现，分枝多，植株呈丛生状，叶片变厚且上卷，影响光合产物的运转，叶片内积累大量淀粉，类似卷叶病毒病；根尖顶端萎缩，支根增多，根系不能向深层发展，抗旱能力下降，块茎小，近匍匐茎端处薯皮变褐或产生裂缝，或局部维管束变褐。

一般贫瘠的沙质土壤容易缺硼。当土壤中有效硼含量≤0.5毫克/千克时，可在基肥中施用硼酸7.5千克/公顷。

（7）锰：锰促进作物的光合作用，特别是氧的释放，能激活三羟酸循环中的某些酶，提高呼吸强度；在光合作用中，水的光解需要有锰参与。锰也是叶绿体的结构成分，缺锰时，叶绿体结构会被破坏解体。缺锰的症状发生在植株的上部，而下部叶片几乎不受影响。缺锰时叶片脉间失绿，逐渐黄化，有时顶部叶片向上卷曲，严重时，幼叶叶脉出现褐色坏死斑点。锰过多时，易发生毒害作用，最初在茎的基部和叶柄的基部产生条斑、条斑坏死或茎破裂，并逐渐向上发展。

当植株出现缺锰症状时，可进行叶面喷施0.3%硫酸锰水溶液1～2次。

（8）铜：在马铃薯块茎形成与块茎增长的交替时期，微量元素铜对提高植株净光合生产率有特殊的作用。铜是含铜氧化酶的组成部分，能影响呼吸作用中的氧化还原过程，因此它能增强呼吸作用，提高蛋白含量，对增加叶绿素的含量，延缓叶片衰老，增强抗旱能力有良好作用。所以马铃薯有“喜铜作物”之称。在花期喷铜或铜、硼混合液，有增产效果。缺铜植株生长瘦弱，新生叶失绿发黄，呈调萎干枯状，叶尖发白卷曲，叶缘灰黄色，叶片上出现坏死斑点，分蘖或侧芽多，呈丛生状。繁殖器官发育受阻，种子呈秕粒。

（9）铁：铁是叶绿体和叶绿素合成所必需的，还是许多酶的组成成分和活化剂，参与光合作用、生物固氮作用、呼吸作用。马铃薯缺铁时，幼叶轻微失绿，并且有规则地扩展到整株叶片，继而失绿部分变成灰黄色。严重缺铁时，失绿部分几乎变成白色，向上卷曲，下部叶片保持绿色。

（10）锌：锌是植物体内多种酶的组成成分，参与多种酶的活动；又是吸哚乙酸（生长素）合成所必需的物质；促进光合作用；参与蛋白质的合成；促进生殖器官发育。缺锌时，植株中吲哚乙酸减少，株型异常，植株生长受阻，嫩叶褪绿并上卷，与早期卷叶病毒病症状相似，叶片上有褐色、青铜色斑点，以后变成坏死斑，叶柄和茎上也出现褐色斑点，叶片变薄变脆。锌含量过高，即当叶片中锌水平超过400毫克/千克，发生毒害，生长发育受抑制，尤其节间生长严重受阻，上部叶片边缘轻微褪色，下部叶片背面呈紫色。

当土壤缺锌时可结合施用基肥与土杂肥混合硫酸锌，每公顷混施7.5～11千克；也可于发棵期、结薯期、叶面喷施0.3%硫酸锌溶液1～2次。

（11）钼：钼是硝酸还原酶和固氮酶的组成部分；参与光合作用和呼吸作用；促进有机含磷化合物的代谢；促进繁殖器官的形成。马铃薯缺钼时，下部老龄叶片上呈现明显的黄化和斑点，叶脉仍然保持绿色，而后失绿部分扩大。小叶叶缘显著地向上卷曲，尖端和叶缘处产生皱缩和死亡。新生叶片初呈绿色，随后逐渐失绿和发生卷曲。

3. 马铃薯各生育期需肥规律　马铃薯各生育期对营养物质有不同的要求。发芽至幼苗期，由于块茎中含有丰富的营养物质，从土壤中吸收养分较少，占全生育期的25%左右。块茎形成期至块茎增长期，吸收养分较多，约占全生育期的50%以上，淀粉积累期吸收养分又趋减少，约占全生育期的25%左右。

马铃薯在水分和根部营养元素充足的情况下，其植株生长越繁茂，所形成的块茎就越多。但在水肥不足，特别是二氧化碳气体营养缺乏的情况下，这个规律就不复存在。据研究证明，凡是地上部茎叶繁茂，生长势很强，但结薯少，产量很低的，主要与二氧化碳营养条件恶化有关。而增施大量有机肥料，是改善土壤理化状况，补充二氧化碳营养不足，提高光合强度的途径之一，也是获得马铃薯高产的一项有效措施。

（二）马铃薯施肥技术

1. 肥料施用量 马铃薯主要种植于五寨县的梯田、垣地以及沟坪地。本区土壤养分变化较大，沟坪地土壤肥力较高，土壤有机质多在7.24克/千克以上，有效磷5.93毫克/千克左右。梯田、垣地因耕作粗放，施肥较少，土壤肥力相对较低，有机质一般在6.07～6.24克/千克，有效磷4.80毫克/千克以下。目前产量水平在每亩700～1 600千克。本区配方施肥要从解决农家肥、磷肥不足出发，并注意微量元素肥料和钾肥的施用。

（1）谷川地、沟坝地、高水肥梯田的土壤有机质含量在10克/千克以上，全氮含量在0.8克/千克左右，速效钾在97.73～128.75毫克/千克，有效磷在9.29～10毫克/千克。目标产量为每亩1 400～1 600千克高产区。在亩施农家肥1 500～2 000千克的基础上，每亩地需施纯N 16～18千克，P_2O_5 7～8千克，K_2O 8～10千克。折合实物量分别为亩施含纯N 46%尿素35～40千克，含P_2O_5 12%过磷酸钙60～70千克，含K_2O 33%硫酸钾24～30千克。

（2）梯田、垣地、沟坝地的土壤有机质含量在7.66～9.12克/千克，全氮0.52～0.6克/千克，有效磷7.08～9.29毫克/千克，速效钾95.37～105.36毫克/千克。目标产量为1 000～1 400千克/亩。每亩在施农家肥1 500千克的基础上，每亩地需纯N 12～14千克，P_2O_5 6～7千克，K_2O 5～7千克，见表5-3。折合实物量分别为亩施含纯N 46%尿素26～30千克，含P_2O_5 12%过磷酸钙50～60千克，含K_2O 33%硫酸钾15～24千克。

（3）丘陵坡地、旱沙地、沟滩地的土壤有机质含量在4.41～7.66克/千克，全氮0.28～0.52克/千克，有效磷3.0～7.08毫克/千克，速效钾64.07～95.73毫克/千克。目标产量为800～1 000千克/亩。每亩在施农家肥1 500千克的基础上，每亩地需纯N 8～10千克，P_2O_5 3～5千克，K_2O 0～3千克，见表5-21。折合实物量分别为亩施含纯N 46%尿素18～22千克，含P_2O_5 12%过磷酸钙25～60千克，含K_2O 33%硫酸钾10千克。

锌肥对马铃薯有明显的增产效果。据应县东安峪试验，马铃薯每亩施1.5千克硫酸锌肥，比不施锌肥对照的马铃薯每亩增产360千克，增产幅度为19%。因此马铃薯田应注意增施锌肥。

2. 施肥时期和方法

（1）基肥：马铃薯生育期间，应以基肥为主。有机肥、钾肥、大部分磷肥和氮肥都应作基肥，磷肥最好和有机肥混合沤制后施用。基肥可以在秋季或春季结合耕地沟施或撒施。微量元素肥料可混合10倍左右的细土条施，也可作种肥施用。

（2）种肥：马铃薯每亩用3.5千克尿素、5千克过磷酸钙混合1 000千克有机肥播种时条施或穴施于薯块旁，有较好的增产效果。

（3）追肥：马铃薯一般在开花以前进行追肥，早熟品种应提前施用。开花以后不宜追施氮肥，可根外喷洒磷钾肥。追肥主要用速效氮肥，如硫酸铵或尿素。每亩用量为纯氮3～5千克。

表 5-21　五寨县马铃薯测土配方施肥量表

单位：千克/亩

目前产量（千克）	耕地地力等级	氮施肥量（N）			磷施肥量（P_2O_5）			钾施肥量（K_2O）		
		低	中	高	低	中	高	低	中	高
800	4～5	12	9	6	4	3	2	3	0	0
1 000	3～4	13	10	7	5	3.5	2.5	4	3	0
1 200	2～3	14	11	8	6	4	3	6	4	2
1 400	1～2	16	13	10	7	5	3	8	6	3
1 600	1	18	15	13	7	6	4	10	8	5

二、玉米测土配方施肥技术

（一）玉米的需肥特征

1. 玉米对肥料三要素的需要量　玉米是需肥水较多的高产作物，一般随着产量提高，所需营养元素也在增加。玉米全生育期吸收的主要养分中。以氮为多、钾次之、磷较少。玉米对微量元素尽管需要量少，但不可忽视，特别是随着施肥水平提高，施用微肥的增产效果更加显著。

玉米单位子粒产量吸氮量和吸磷量随产量的提高而下降，而吸钾量则随产量的提高而增加。产量越高，单位子粒产品产量所需氮、磷越少，吸氮、磷的变幅也变小，也愈有规律性，单位氮素效益不断提高。

综合国内外研究资料，一般每生产100千克玉米籽粒，需吸收纯氮2.57千克、磷0.86千克、钾2.14千克，肥料三要素的比例约为3∶1∶2。吸收量常受播种季节、土壤、肥力、肥料种类和品种特性的影响。据全国多点试验，玉米植株对氮、磷、钾的吸收量常随产量的提高而增多。

2. 玉米对养分需求的特点　玉米吸收的矿质元素多达20余种，主要有氮、磷、钾3种大量元素，硫、钙、镁等中量元素，铁、锰、硼、铜、锌、钼等微量元素。

（1）氮：氮在玉米营养中占有突出地位。氮是植物构成细胞原生质、叶绿素以及各种酶的必要因素。因而氮对玉米根、茎、叶、花等器官的生长发育和体内的新陈代谢作用都会产生明显的影响。

玉米缺氮，株形细瘦，叶色黄绿。首先是下部老叶从叶尖开始变黄，然后沿中脉伸展呈楔形（V），叶边缘仍呈绿色，最后整个叶片变黄干枯。缺氮还会引起雌穗形成延迟，甚至不能发育，或穗小、粒少、产量降低。

（2）磷：磷在玉米营养中也占重要地位。磷是核酸、核蛋白的必要成分，而核蛋白又是植物细肥原生质、细胞核和染色体的重要组成部分。此外，磷对玉米体内碳水化合物代谢有很大作用。由于磷直接参与光合作用过程，有助于合成双糖、多糖和单糖；磷促进蔗糖的植株体内运输；磷又是三磷酸腺苷和二磷酸腺苷的组成成分，这说明磷对能量传递和储藏都起着重要作用。良好的磷素营养，对培育壮苗、促进根系生长，提高抗寒、抗旱能力都具有实际意义。在生长后期，磷对植株体内营养物质运输、转化及再分配、再利用有促进作用。磷由茎、叶转移到果穗中，参与籽粒中的淀粉合成，使籽粒积累养分顺利进行。

玉米缺磷，幼苗根系发育减弱，生长缓慢，叶色紫红；开花期缺磷，抽丝延迟，雌穗受精不完全，发育不良，粒行不整齐；后期缺磷，果穗成熟推迟。

（3）钾：钾对维持玉米植株的新陈代谢和其他功能的顺利进行起着重要作用。因为钾能促进胶体膨胀，使细胞质和细胞壁维持正常状态，由此保证玉米植株多种生命活动的进行。此处，钾还是某些酶系统的活化剂，在碳水化合物代谢中起着重要作用。总之，钾对玉米生长发育以及代谢活动的影响是多方面的。如对根系的发育，特别是须根形成、体内淀粉合成、糖分运输、抗倒伏、抗病虫害都起着重要作用。

玉米缺钾，生长缓慢，叶片黄绿色或黄色。首先是老叶边缘及叶尖干枯呈灼烧状是其突出的标志。缺钾严重时，生长停滞、节间缩短、植株矮小；果穗发育不正常，常出现秃顶；籽粒淀粉含量减低，粒重减轻；容易倒伏。

（4）硼：硼能促进花粉健全发育，有利于授粉、受精，结实饱满。硼还能调节与多酚氧化酶有关的氧化作用。

玉米缺硼，在玉米早期生长和后期开花阶段植株呈现矮小，生殖器官发育不良，易成空秆或败育，造成减产。缺硼植株新叶狭长，叶脉间出现透明条纹，稍后变白变干；缺硼严重时，生长点死亡。

（5）锌：锌是对玉米影响比较大的微量元素，锌的作用在于影响生长素的合成，并在光合作用和蛋白质合成过程中起促进作用。

玉米缺锌，因生长素不足而细胞壁不能伸长，玉米植株发育甚慢，节间变短。幼苗期和生长中期缺锌，新生叶片下半部呈现淡黄色、甚至白色，故也叫“白苗病”；叶片成长后，叶脉之间出现淡黄色斑点或缺绿条纹，有时中脉与边缘之间出现白色或黄色组织条带或是坏死斑点，此时叶面都呈现透明白色，风吹易折；严重缺锌时，开始叶尖呈淡白色泽病斑，之后叶片突然变黑，几天后植株完全死亡。玉米中后期缺锌，使抽雄期与雌穗吐丝期相隔日期加大，不利于授粉。

（6）锰：玉米对锰较为敏感。锰对植物的光合作用关系密切，能提高叶绿素的氧化还原电位，促进碳水化合物的同化，并能促进叶绿素形成。锰对玉米的氮素营养也有影响。

玉米缺锰，其症状是顺着叶片长出黄色斑点和条纹，最后黄色斑点穿孔，表示这部分组织破坏而死亡。

（7）钼：钼是硝酸还原酶的组成成分。缺钼将减低硝酸还原酶的活性，妨碍氨基酸、蛋白质的合成，影响正常氮代谢。

玉米缺钼，植株幼嫩叶首先枯萎，随后沿其边缘枯死；有些老叶顶端枯死，继而叶边和叶脉之间发展枯斑甚至坏死。

（8）铜：铜是玉米植株内抗坏血酸氧化酶、多酚氧化酶等的成分，因而能促进代谢活动；铜与光合作用也有关系；铜又存在于叶绿体的质体蓝素中，它是光合作用电子供求关系体系的一员。

玉米缺铜，叶片缺绿，叶顶干枯，叶片弯曲、失去膨胀压，叶片向外翻卷。严重缺铜时，正在生长的新叶死亡。因铜能与有机质形成稳定性强的螯合物，所以高肥力地块易缺有效铜。

3. 玉米各生育期对三要素的需求规律　玉米苗期生长相对较慢，只要施足基肥，便可满足其需要；拔节以后至抽雄前，茎叶旺盛生长，内部的生殖器官同时也迅速分化发育，是玉米一生中养分需求最多的时期，必须供应足够的养分，才能达到穗大、粒多、高产的目的；生育后期，籽粒灌浆时间较长，仍需供应一定的肥、水，使之不早衰，确保灌浆充分。一般来讲，玉米有两个需肥关键时期，一是拔节至孕穗期；二是抽雄至开花期。玉米对肥料三要素的吸收规律如下。

（1）氮素的吸收：玉米苗期至拔节期氮素吸收量占总氮量的10.4%～12.3%，拔节期至抽丝初期氮吸收量占总氮量的66.5%～73%，籽粒形成至成熟期氮的吸收量占总氮量的13.7%～23.1%。随产量水平的提高，各生育阶段吸氮量相应增加，但各阶段吸氮量的增加量不同。如产量从每亩2 432.7千克提高到了每亩2 686千克，出苗至拔节期吸氮量约增加了1.22千克，拔节至吐丝期约增加了0.74千克，吐丝至成熟期则增加了3千克。随产量水平的提高，玉米在各阶段吸氮量的比例在拔节至吐丝期减少，吐丝期至成熟期，这一阶段的吸氮比例明显增加，因此，提高玉米产量，在适量增加前、中期吸氮的基础上，重点增加吐丝后的吸氮量。

（2）磷素的吸收：玉米苗期吸磷少，约占总磷量的1%，但相对含量高，是玉米需磷的敏感期；抽雄期吸磷达高峰，占总磷量的38.8%～46.7%；籽粒形成期吸收速度加快，乳熟至蜡熟期达最大值，成熟期吸收速度下降。随产量水平的提高，各生育阶段吸磷量相应增加，但以吐丝至成熟阶段增加量为主，拔节至吐丝阶段其次。但随产量水平的提高，各生育阶段吸磷量占一生总吸磷量的比例前期略有增加，中期有所下降，后期变化不大。表明提高玉米产量，在增加前期吸磷的基础上，重点增加中后阶段特别是花后阶段的吸磷量。

（3）钾素的吸收：玉米钾素的吸收累计量在展三叶期仅占总量的2%，拔节后增至40%～50%，抽雄吐丝期达总量的80%～90%，籽粒形成期钾的吸收处于停止状态。由于钾的外渗、淋失，成熟期钾的总量有降低的趋势。随产量水平的提高，各生育阶段吸钾量相应增加，但以拔节至吐丝阶段吸钾量增加最大，吐丝至成熟阶段其次，出苗至拔节阶段吸钾量增加量最少。因此，提高玉米产量，应重视各生育阶段，尤其是拔节至吐丝阶段群体的吸钾量。

（二）高产栽培配套技术

1. 品种选择和处理　选用五寨县常年种植面积较大的郑单958、先玉335、忻玉110作为骨干品种。种子质量要达国家一级标准，播前须进行包衣处理，以控制地老虎、蛴螬、蝼蛄等地下害虫，丝黑穗病、瘤黑粉病等病害的危害。

2. 秸秆还田，培肥地力　玉米收获后，及时将秸秆粉碎翻压还田，培肥地力。

3. 实行机械播种，地膜覆盖 5月中上旬，用玉米铺膜播种机进行播种，亩播量为2～2.5千克，一米一带，一带一膜，一膜双行，大行距60厘米，小行距40厘米，株距40厘米，亩保苗3 300株，播期不能太晚，确保苗全、苗齐、苗匀。

4. 病虫草害综合防治 五寨县玉米生产中常见和多发的有害生物有：玉米蚜、红蜘蛛、玉米螟、地老虎、蛴螬、蝼蛄、丝黑穗病、瘤黑粉病、粗缩病、杂草等。其防治的基本策略是：播种前清洁田园，压低病虫草基数；播种时选用抗、耐病（虫）品种并且选用包衣种子，杜绝种子带菌，消灭苗期病虫害。一旦发生病虫危害及时对症选用农药防治。大喇叭口期每亩用1.5%辛硫磷颗粒剂0.25千克掺细沙7.5千克，混匀后撒入心叶防治玉米螟，每株用量约1.5克；7月下旬后如有红蜘蛛发生，可用阿维菌素进行防治。在玉米7～8叶期，用20%百草枯水剂100～150毫升/亩对水60～80千克进行定向喷雾防除杂草。

5. 水分及其他管理 水浇地玉米水分管理应重点浇好拔节水、抽雄开花水和灌浆水，出苗水和大喇叭口水应视天气和田间土壤水分情况灵活掌握。大喇叭口期应喷施玉米健壮素一次，以控高促壮，提高光合效率，增加经济产量。玉米生长后期严禁打老叶和削顶促熟，可采用站秆扒皮促熟技术。

6. 适时收获、增粒重、促高产 玉米在适时播种前提下，还须实行适当晚收，以争取较高的粒重和产量，一般情况下应蜡熟后期收获。

（三）玉米施肥技术

1. 氮素的管理

（1）目标产量：根据五寨县近年来的实际，按低、中、高3个肥力等级，目标产量设置为400千克/亩、500千克/亩、600千克/亩。

（2）单位产量吸氮量：按有关资料100千克籽粒需氮2.57千克计算。

（3）施肥时期及用量：要求分两次施入，第一次在播种时作基肥施入总量的60%，第二次在大喇叭口期施入总量的40%。

2. 磷、钾的管理 按每生产100千克玉米籽粒需P_2O_5 0.86千克，需K_2O 2.14千克。目标产量为600千克/亩时，亩玉米吸磷量为600×0.86/100＝5.16（千克），其中约75%的籽粒带走。当耕地土壤有效磷低于15毫克/千克时，磷肥的管理目标是通过增施磷肥提高作物产量和土壤有效磷含量，磷肥施用量为作物带走量的1.5倍，施磷量（千克/亩）＝5.16千克/亩×75%×1.5；当耕地土壤有效磷为15～25毫克/千克时，磷肥的管理目标是维持现有土壤有效磷水平，磷肥用量等于作物带走量，磷肥量＝5.16/亩×75%；当耕地土壤有效磷高于25毫克/千克时，施磷的增产潜力不大，每亩只适当补充1～2千克P_2O_5即可。

目标产量为600千克/亩时，亩玉米吸钾量为600×2.14/100＝12.84（千克），其中约27%被籽粒带走。当耕地土壤速效钾低于100毫克/千克时，钾肥的管理目标是通过增施钾肥提高作物产量和土壤速效钾含量，钾肥施用量为作物带走量的1.5倍，亩施钾量为12.84×27%×1.5；当耕地土壤速效钾在100～150毫克/千克时，钾肥的管理目标是维持现有土壤速效钾水平，钾肥施用量等于作物的带走量，亩施钾量为：12.84×27%；当耕地土壤速效钾在150毫克/千克以上时，施钾肥的增产潜力不大，一般地块可不施钾肥。

3. 不同地力等级氮、磷、钾肥施用量　玉米测土施肥施肥量见表 5-22。

表 5-22　五寨县玉米测土施肥施肥量

单位：千克/亩

目标产量（千克）	耕地地力等级	氮（N）			磷（P_2O_5）			钾（K_2O）		
		低	中	高	低	中	高	低	中	高
250	4～5	8	6	4	3	1.7	0	0	0	0
300	3～4	8.5	7	5	3	2	0	0	0	0
350	3～4	9	8.5	5.5	3.5	2.3	0	3	2	0
400	2～3	10	9	6	4	2.6	1	3	2.3	0
450	2～3	11	10	7	4.5	3	1.5	3	2.6	0
500	1～2	12	11	8	5	3.3	2	4	2.9	0
550	1～2	14	12	9	6	3.6	2	4	3.2	1
600	1	16	14	11	8	3.9	2	5	3.5	1.5

4. 微肥用量的确定　五寨县土壤多数缺锌，另外又由于土壤有效锌与有效磷呈反比关系，故锌肥的施用量为土壤有效磷较高时，亩施硫酸锌 1.5～2 千克，土壤有效磷为中时，亩施硫酸锌 1～1.5 千克，土壤有效磷为低时，每亩用 0.2%的硫酸锌溶液在苗期连喷 2～3 次。

第六章　中低产田类型分布及改良利用

第一节　中低产田类型及分布

中低产田是指存在各种制约农业生产的土壤障碍因素，产量相对低而不稳定的耕地。

通过对五寨县耕地地力状况的调查，根据土壤主导障碍因素的改良主攻方向，依据中华人民共和国农业部发布的行业标准 NY/T 310—1996，引用忻州市耕地地力等级划分标准，结合实际进行分析，五寨县中低产田包括如下 3 个类型：坡地梯改型、瘠薄培肥型、沙化耕地型。中低产田面积为 67.73 万亩，占总耕地面积的 90.96%。各类型面积情况统计见表 6－1。

表 6－1　五寨县中低产田各类型面积情况统计表

类　型	面积（万亩）	占总耕地面积（%）	占中低产田面积（%）
沙化耕地型	3.57	4.80	5.27
坡地梯改型	14.76	19.82	21.79
瘠薄培肥型	49.40	66.34	72.94
合计	67.73	90.96	100

一、坡地梯改型

坡地梯改型是指主导障碍因素为土壤侵蚀，以及与其相关的地形，地面坡度、土体厚度，土体构型与物质组成，耕作熟化层厚度与熟化程度等，需要通过修筑梯田埂等田间水保工程加以改良治理的坡耕地。

五寨县坡地梯改型中低产田面积为 14.76 万亩，占耕地总面积的 19.82%，共有1 509 个评价单元。主要分布于中部丘陵地带，海拔 12 000～1 400 米的小河头镇、胡会乡、东秀庄乡等乡（镇）。

二、瘠薄培肥型

瘠薄培肥型是指受气候、地形条件限制，造成干旱、缺水、土壤养分含量低、结构不良、投肥不足、产量低于当地高产农田，只能通过连年深耕、培肥土壤、改革耕作制度，推广旱农技术等长期性的措施逐步加以改良的耕地。

五寨县瘠薄培肥型中低产田面积为 49.40 万亩，占耕地总面积的 66.34%，共有2 718

个评价单元。遍布全县 12 个乡（镇）。

三、沙化耕地型

障碍层次型是指土壤剖面构型上有严重缺陷的耕地。如土层薄、土体中有沙、过黏层、料姜、白干土、砾石层。障碍程度包括障碍层物质组成、厚度及出现的部位。其改良应因地制宜，采取工程和耕作措施逐步消除和改善。

五寨县沙化耕地型中低产田面积为 3.57 万亩，占耕地总面积的 4.80%，共有 439 个评价单元。主要分布在县境西北部黄土丘陵梁峁背风坡，尤以韩家楼、杏岭子等乡（镇）较多。

第二节　生产性能及存在问题

一、坡地梯改型

该类型区地形坡度大于 10°，以中度侵蚀为主，园田化水平较低，土壤类型为褐土性土，土壤母质为残积物和黄土质母质，耕层质地为轻壤、中壤，质地构型有通体壤、壤夹黏，有效土层厚度大于 150 厘米，耕层厚度 14～16 厘米，地力等级多为 8～9 级。耕地土壤有机质含量 11.34 克/千克，全氮 0.57 克/千克，有效磷 9.76 毫克/千克，速效钾 104.77 毫克/千克。存在的主要问题是土质粗劣，水土流失比较严重，土体发育微弱，土壤干旱瘠薄、耕层浅。

二、瘠薄培肥型

该类型区域多数为旱耕地、高水平梯田和缓坡梯田，土壤类型是褐土性土，各种地形、各种质地均有，有效土层厚度大于 150 厘米，耕层厚度 16～18 厘米，地力等级为7～9 级。耕层养分含量有机质 9.59 克/千克，全氮 0.55 克/千克，有效磷 9.10 毫克/千克，速效钾 110.31 毫克/千克。存在的主要问题是田面不平，水土流失严重，干旱缺水，土质粗劣，肥力较差。

三、沙化耕地型

该类型区域土壤坡耕地、梯田均有，土壤类型是风沙土，质地多为沙壤，有效土层厚度大于 150 厘米，耕层厚度 15～18 厘米，地力等级为 7～9 级，耕层养分含量有机质为 9.27 克/千克，全氮 0.55 克/千克，有效磷 8.60 毫克/千克，速效钾 106.22 毫克/千克。存在的主要问题是田面不平，水土流失较重，风蚀严重，干旱缺水，肥力较差，产量低。

五寨县中低产田各类型土壤养分含量平均值情况统计见表 6－2。

表 6-2　五寨县中低产田各类型土壤养分含量平均值情况统计

类　型	有机质（克/千克）	全氮（克/千克）	有效磷（毫克/千克）	速效钾（毫克/千克）
沙化耕地型	9.27	0.55	8.60	106.22
坡地梯改型	11.34	0.57	9.76	104.77
瘠薄培肥型	9.59	0.55	9.10	110.31
总计平均值	10.07	0.56	9.15	107.10

第三节　改良利用措施

五寨县中低产田面积 67.73 万亩，占现有耕地的 90.96%。严重影响全县农业生产的发展和农业经济效益，应因地制宜进行改良。

总体上讲，中低产田的改良、耕作、培肥是一项长期而艰巨的任务。通过工程、生物、农艺、化学等综合措施，消除或减轻中低产田土壤限制农业产量提高的各种障碍因素，提高耕地基础地力，其中耕作培肥对中低产田的改良效果是极其显著的。具体措施如下。

1. 施有机肥　增施有机肥，增加土壤有机质含量，改善土壤理化性状并为作物生长提供部分营养物质。据调查，有机肥的施用量达到每年 2 000～3 000 千克/亩，连续施用 3 年，可获得理想效果。主要通过秸秆还田和施用堆肥厩肥、人粪尿及禽畜粪便来增加有机肥。

2. 校正施肥　依据当地土壤实际情况和作物需肥规律选用合理配比，有效控制化肥不合理施用对土壤性状的影响，达到提高农产品品质的目的。

（1）巧施氮肥：速效性氮肥极易分解，通常施入土壤中的氮素化肥的利用率只有 25%～50%，或者更低。这说明施入土壤中的氮素，挥发渗漏损失严重。所以在施用氮素化肥时一定注意施肥方法施肥量和施肥时期，提高氮肥利用率，减少损失。

（2）重施磷肥：本区地处黄土高原，属石灰性土壤。土壤中的磷常被固定，而不能发挥肥效。加上部分群众重氮轻磷，作物吸收的磷得不到及时补充。试验证明，在缺磷土壤上增施肥磷增产效果明显。可以增施人粪尿与骡马粪堆沤肥，其中有机酸和腐殖酸能促进非水溶性磷的溶解，提高磷素的活力。

（3）因地施用钾肥：本区土壤中钾的含量虽然在短期内不会成为限制农业生产的主要因素，但随着农业生产进一步发展和作物产量的不断提高，土壤中的有效钾的含量也会处于不足状态，在生产中，应定期监测土壤中钾的动态变化，及时补充钾素。

（4）重视施用微肥：作物对微量元素肥料需要量虽然很小，但能提高产品产量和品质，有其他大量元素不可替代的作用。据调查，全县土壤硼、锌、锰、铁等含量均不高，近年来玉米、小麦施锌试验，增产效果均很明显。

然而，不同的中低产田类型有其自身的特点，在改良利用中应针对这些特点，采取相应的措施，现分述如下。

一、坡地梯改型中低产田的改良作用

1. 梯田工程　梯田可以减少坡长，使地面平整，变降雨的坡面径流为垂直入渗，防止水土流失，增强土壤水分储备和抗旱能力，可采用缓坡修梯田，陡坡种林率，增加地面覆盖度。

2. 增加梯田土层及耕作熟化层厚度　新建梯田的土层厚度相对较薄，耕作熟化程度较低。梯田土层厚度及耕作熟化层厚度的增加是这类田地改良的关键。梯田土层厚度的一般标准为：土层厚大于 80 厘米，耕作熟化层大于 20 厘米，有条件的应达到土层厚大于 100 厘米，耕作熟化层厚度大于 25 厘米。

3. 农、林、牧并重　此类耕地今后的利用方向应是农、林、牧并重，因地制宜，全面发展。此类耕地应发展种草、植树，扩大林地和草地面积，促进养殖业发展，将生态效益和经济效益结合起来，如实行农（果）林复合农业。

二、瘠薄培肥型中低产田的改良利用

1. 平整土地与条田建设　将平坦垣面及缓坡地规划成条田，平整土地，以蓄水保墒。有条件的地方，开发利用地下水资源和引水上垣，逐步扩大垣面水浇地面积。通过水土保持和提高水资源开发水平，发展粮食生产。

2. 实行水保耕作法　推广丰产沟、等高耕作、等高种植、高耐旱免耕作物及地膜覆盖、生物覆盖等旱农技术，有效保持土壤水分，满足作物需求，提高作物产量。

3. 大力兴建林带植被　因地制宜地造林、种草与农作物种植有效结合，兼顾生态效益和经济效益，发展复合农业。

三、沙化耕地型中低产田的改良利用

因地制宜采取工程措施和耕作措施，逐步消除和改善土体结构，具体方法如下。

（1）平整土地：全部实行梯田化。

（2）水源开发：有条件的耕地发展成水浇地。

（3）植被建设：栽植防风固沙林带，乔灌果结合。种植牧草绿肥，每年种植面积 20%～30%，3 年轮作一次。

第七章　耕地地力调查与质量评价的应用研究

第一节　耕地资源合理配置研究

一、耕地数量平衡与人口发展配置研究

五寨县国土总面积1 379平方千米，总耕地面积74.4万亩，总人口11.2万。人多地少，耕地后备资源严重不足。从五寨县人民的生存和全县经济可持续发展的高度出发，采取措施，实现全县耕地总量动态平衡刻不容缓。

实际上，五寨县扩大耕地总量仍有很大潜力，只要合理安排，科学规划，集约利用，就完全可以兼顾耕地与建设用地的要求，实现社会经济的全面、持续发展；从控制人口增长，村级内部改造和居民点调整，退宅还田，开发复垦土地后备资源和废弃地等方面着手增大耕地面积。

二、耕地地力与粮食生产能力分析

（一）耕地粮食生产能力

耕地生产能力是决定粮食产量的决定因素之一。近年来，由于种植结构调整和建设用地，退耕还林还草等因素的影响，粮食播种面积在不断减少，而人口在不断增加，对粮食的需求量也在增加。保证全县粮食需求，挖掘耕地生产潜力已成为农业生产中的大事。

耕地的生产能力是由土壤本身肥力作用所决定的，其生产能力分为现实生产能力和潜在生产能力。

1. 现实生产能力　五寨县现有耕地面积为74.4万亩（包括已退耕还林及园林面积），而中低产田就有67.7万亩之多，占总耕地面积的90.96%，而且大部分为旱地。这必然造成全县现实生产能力偏低的现状。再加之农民对施肥，特别是有机肥的忽视，以及耕作管理措施的粗放，这都是造成耕地现实生产能力不高的原因。2011年，全县粮食播种面积为32.8万亩，粮食总产量为3.5万吨，亩产约77千克。五寨县2011年粮食产量统计见表7-1。

表7-1　五寨县2011年粮食产量统计

粮食总产量	总产量（万吨）	平均单产（千克）
	3.5	106
玉米	1.089	110
豆类	0.510	107.8

（续）

粮食总产量	总产量（万吨）	平均单产（千克）
谷子	0.600	99.4
蔬菜	0.631	573
薯类	0.721	105.9

目前，五寨县土壤有机质含量平均为8.76克/千克，全氮平均含量为0.55克/千克，有效磷含量平均为9.24毫克/千克，速效钾平均含量为115.35毫克/千克。

五寨县耕地总面积74.4万亩（包括退耕还林及园林面积），其中水浇地3.2万亩，占耕地总面积的6.28%，旱地47.8万亩，占耕地总面积的93.72%。全县中低产田面积67.7万亩，占耕地总面积的90.96%。

2. 潜在生产能力　生产潜力是指在正常的社会秩序和经济秩序下所能达到的最大产量。从历史的角度和长期的利益来看，耕地的生产潜力是比粮食产量更为重要的粮食安全因素。

五寨县土地资源较为丰富，土质较好，光热资源充足。全县现有耕地中低于七级，即亩产量小于300千克的耕地占总耕地面积的47.5%。经过对全县地力等级的评价得出，74万亩耕地以全部种植粮食作物计，其粮食最大生产能力为8 647万千克，平均单产可达169.5千克/亩，全县耕地仍有5 000万千克粮食的生产潜力可挖。

纵观五寨县近年来的粮食、油料、蔬菜作物的平均亩产量和全县农民对耕地的经营状况，全县耕地还有巨大的生产潜力可挖。如果在农业生产中加大有机肥的投入，采取平衡施肥措施和科学合理的耕作技术，全县耕地的生产能力还可以提高。从近几年全县对马铃薯、玉米配方施肥观察点经济效益的对比来看，配方施肥区较习惯施肥区的增产率都在10%左右，甚至更高。如果能进一步提高农业投入比重，提高劳动者素质，下大力气加强农业基础建设，特别是农田水利建设，稳步提高耕地综合生产能力和产出能力，实现农林牧的结合就能增加农民经济收入。

（二）不同时期人口、食品构成粮食需求分析预测

农业是国民经济的基础，粮食是关系国计民生和国家自立与安全的特殊产品。从新中国成立初期到现在，五寨县人口数量、食品构成和粮食需求都在发生着巨大变化。新中国成立初期居民食品构成主要以粮食为主，也有少量的肉类食品，水果、蔬菜的比重很小。随着社会进步，生产的发展，人民生活水平逐步提高。到20世纪80年代初，居民食品构成依然以粮食为主，但肉类、禽类、油料、水果、蔬菜等的比重均有了较大提高。到2010年，全县人口增至11.6万，居民食品构成中，粮食所占比重有明显下降，然而肉类、禽蛋、水产品、制品、油料、水果、蔬菜、食糖占有比重提高。

五寨县粮食人均需求按国际通用粮食安全400千克计，全县人口自然增长率以6.2‰计，到2015年，共有人口16.7万人，全县粮食需求总量预计将达6.68万吨。因此，人口的增加对粮食的需求产生了极大的影响，也造成了一定的危险。

五寨县粮食生产还存在着巨大的增长潜力。随着资本、技术、劳动投入、政策、制度等条件的逐步完善，全县粮食的产出与需求平衡，终将成为现实。

（三）粮食安全警戒线

粮食是人类生存和社会发展最重要的产品，是具有战略意义的特殊商品，粮食安全不仅是国民经济持续健康发展的基础，也是社会安定、国家安全的重要组成部分。近年来，随着农资价格上涨，种粮效益低等因素影响，农民种粮积极性不高，全县粮食单产徘徊不前，所以必须对全县的粮食安全问题给予高度重视。

2009 年，五寨县的人均粮食占有量为 217.4 千克，而当前国际公认的粮食安全警戒线标准为年人均 400 千克。相比之下，五寨县人均粮食占有量仍处于粮食安全警戒线标准之下。

三、耕地资源合理配置意见

在确保粮食生产安全的前提下，优化耕地资源利用结构，合理配置其他作物占地比例。为确保粮食安全需要，对全县耕地资源进行如下配置：全县现有 74 万亩耕地中，其中 58 万亩用于种植粮食，以满足全县人口粮食需求，其余 16 万亩耕地用于蔬菜、水果、中药材、油料等作物生产，其中蔬菜地 2.15 万亩，占用耕地面积 4.22%；药材占地 0.7 万亩，占用 1.38%；水果占地 13 万亩，占用 25.49%；其他作物占地 0.15 万亩。

根据《土地管理法》和《基本农田保护条例》划定全县基本农田保护区，将水利条件、土壤肥力条件好，自然生态条件适宜的耕地划为口粮和粮食生产基地，长期不许占用。在耕地资源利用上，必须坚持基本农田总量平衡的原则。一是建立完善的基本农田保护制度，用法律保护耕地；二是明确各级政府在基本农田保护中的责任，严控占用保护区内耕地，严格控制城乡建设用地；三是实行基本农田损失补偿制度，实行谁占用、谁补偿的原则；四是建立监督检查制度，严厉打击无证经营和乱占耕地的单位和个人；五是建立基本农田保护基金，县政府每年投入一定资金用于基本农田建设，大力挖潜存量土地；六是合理调整用地结构，用市场经营利益导向调控耕地。

同时，在耕地资源配置上，要以粮食生产安全为前提，以农业增效、农民增收的目标，逐步提高耕地质量，调整种植业结构推广优质农产品，应用优质高效，生态安全栽培技术，提高耕地利用率。

第二节　耕地地力建设与土壤改良利用对策

一、耕地地力现状及特点

耕地质量包括耕地地力和土壤环境质量两个方面，此次调查与评价共涉及耕地土壤点位 5 600 个，点源污染点位 63 个。经过历时 3 年的调查分析，基本查清了全县耕地地力现状与特点。

通过对五寨县土壤养分含量的分析得知：全县土壤以轻壤质土为主，有机质平均含量为 8.76 克/千克，属省五级水平；全氮平均含量为 0.55 克/千克，属省五级水平；有效磷含量平均为 9.24 毫克/千克，属省五级水平；速效钾含量为 115.35 毫克/千克，属省五级水平。中微量元素养分含量有效锰较高，属省四级水平；硼元素养分含量属省五级水平。

（一）耕地土壤养分含量不断提高

耕地土壤：从这次调查结果看，五寨县耕地土壤有机质含量为8.76克/千克，属省五级水平，与第二次土壤普查的4.52克/千克，相比提高了4.24克/千克；全氮平均含量为，0.55克/千克，属省五级水平，与第二次土壤普查的0.35克/千克相比提高了0.20克/千克；有效磷平均含量9.24毫克/千克，属省五级水平，与第二次土壤普查的4.0毫克/千克相比提高了5.24毫克/千克；速效钾平均含量为115.35毫克/千克，属省五级水平，与第二次土壤普查的平均含量120毫克/千克相比减少了4.65毫克/千克。中微量元素养分含量有效锰较高属省五级水平。

（二）耕作历史悠久，土壤熟化度高

五寨农业历史悠久，土质良好，绝大部分耕地质地为轻壤，加以多年的耕作培肥，土壤熟化程度高。据调查，有效土层厚度平均达150厘米以上，耕层厚度为19～25厘米，适种作物广，生产水平高。

二、存在主要问题及原因分析

（一）中低产田面积较大

据调查，五寨县共有中低产田面积67.7万亩，占总耕地面积90.96%。按主导障碍因素，共分为坡地梯改型、瘠薄培肥型、沙化耕地型三大类型，其中坡地梯改型14.76万亩，占总耕地面积的19.82%，瘠薄培肥型49.40万亩，占总耕地面积的66.34%，沙化耕地型3.57万亩，占总耕地面积的4.80%。

中低产田面积大，类型多。主要原因：一是自然条件恶劣。全县地形复杂，山、川、沟、垣、壑俱全，水土流失严重；二是农田基本建设投入不足，中低产田改造措施不力。三是农民耕地施肥投入不足，尤其是有机肥施用量仍处于较低水平。

（二）耕地地力不足，耕地生产率低

五寨县耕地虽然经过排、灌、路、林综合治理，农田生态环境不断改善，耕地单产、总产呈现上升趋势，但近年来，农业生产资料价格一再上涨，农业成本较高，甚至出现种粮赔本现象，大大挫伤了农民种粮的积极性。一些农民通过增施氮肥取得产量，耕作粗放，结果致使土壤结构变差，造成土壤养分恶性循环。

（三）施肥结构不合理

作物每年从土壤中带走大量养分，主要是通过施肥来补充，因此，施肥直接影响到土壤中各种养分的含量。近几年在施肥上存在的问题，突出表现在“五重五轻”：第一，重经济作物，轻粮食作物；第二，重复混肥料，轻专用肥料，随着我国化肥市场的快速发展，复混（合）肥异军突起，其应用对土壤养分的变化也有影响，许多复混（合）肥杂而不专，农民对其依赖性较大，而对于自己所种作物需什么肥料，土壤缺什么元素，底子不清，导致盲目施肥；第三，重化肥使用，轻有机肥使用。近些年来，农民将大部分有机肥施于菜田，特别是优质有机肥，而占很大比重的耕地有机肥却施用不足。第四，重氮磷肥轻钾肥；第五，重大量元素肥轻中微量元素肥。

三、耕地培肥与改良利用对策

（一）多种渠道提高土壤肥力

1. 增施有机肥，提高土壤有机质 近年来，由于农家肥来源不足和化肥的发展，五寨县耕地有机肥施用量不够。可以通过以下措施加以解决。

①广种饲草，增加畜禽，以牧养农。

②大力种植绿肥，种植绿肥是培肥地力的有效措施，可以采用粮肥间作或轮作制度。

③大力推广秸秆直接粉碎翻压还田，这是目前增加土壤有机质最有效的方法。

2. 合理轮作，挖掘土壤潜力 不同作物需求养分的种类和数量不同，根系深浅不同，吸收各层土壤养分的能力不同，各种作物遗留残体成分也有较大差异。因此，通过不同作物合理轮作倒茬，保障土壤养分平衡。要大力推广粮、油轮作，玉米、大豆立体间套作，枣、粮间作等技术模式，实现土壤养分协调利用。

（二）巧施氮肥

速效性氮肥极易分解，通常施入土壤中的氮素化肥的利用率只有25%～50%，或者更低。这说明土壤中的氮素，挥发渗漏损失严重。所以在施用氮肥时一定注意施肥量施肥方法和施肥时期，提高氮肥利用率，减少损失。

（三）重施磷肥

五寨县土壤属石灰性土壤，土壤中的磷常被固定，而不能发挥肥效。加上长期以来群众重氮轻磷，作物吸收的磷得不到及时补充。试验证明，在缺磷土壤上增施磷肥增产效果明显，可以增施人粪尿、畜禽肥等有机肥，其中的有机酸和腐殖酸促进非水溶性磷的溶解，提高磷素的活力。

（四）因地施用钾肥

五寨县土壤中钾的含量虽然在短期内不会成为限制农业生产的主要因素，但随着农业生产进一步发展和作物产量的不断提高，土壤中有效钾的含量也会处于不足状态，所以在生产中，定期监测土壤中钾的动态变化，及时补充钾素。

（五）重视施用微肥

微量元素肥料，作物的需要量虽然很少，但对提高产品产量和品质、却有大量元素不可替代的作用。据调查，全县土壤硼、锌、铁等含量均不高，玉米施锌和小麦施锌试验，增产效果很明显。

（六）因地制宜，改良中低产田

五寨县中低产田面积比较大，影响了耕地地力水平。因此，要从实际出发，分类配套改良技术措施，进一步提高全县耕地地力质量。

四、成果应用与典型事例

典型1——五寨县梁家坪乡梁家坪村中低产田改造综合技术应用

梁家坪乡梁家坪村于县城西部。全村212户，747人，总耕地6 100亩，全部为旱地。

土壤为淡栗褐土。主要以种植玉米、糜谷、马铃薯、大豆为主。多年来，坚持不懈地进行中低产田改造，综合推广农业实用新技术，农业基础设施大大改善，耕地地力和农业综合生产能力明显提高，产量逐年增大，在干旱缺水的黄土丘陵地带，改良出了千斤田、千元田。①把2 000余亩坡耕地改造成了高标准的水平梯田，变“三跑田”为“三保田”，并且高标准修筑土地埂，配套3米宽田间机耕道路；②实行机械深耕30厘米，增加耕作层厚度；③对新修梯田增施土壤改良剂（硫酸亚铁）每亩50千克；④每亩增施农家肥2吨；⑤实行玉米秸秆粉碎翻压还田；⑥打坝淤地120亩；⑦增施精制有机肥每亩100千克；⑧实施测土配方施肥技术；⑨实施化肥深施技术，提高化肥利用率；⑩应用抗旱保水剂。2010年化验结果，全村耕地土壤有机质含量平均为9.14克/千克；全氮含量平均为1.01克/千克；有效磷含量平均为8.9毫克/千克；速效钾含量平均为112毫克/千克。均较1983年第二次土壤普查有所提高。2010年谷子播种506亩，亩均产量410千克，亩产值1 394元；马铃薯播种420亩，亩均产量1 450千克，亩产值2 900元。

典型2——五寨县测土配方施肥技术

五寨县位于山西省忻州市西部，总面积1 379平方千米，全县辖3个镇、9个乡。开展测土配方施肥项目以来，全县共完成测土配方施肥技术推广面积60万亩次，其中配方肥使用面积20%。通过项目实施，2008年使全县20万亩玉米平均亩增产31千克，总增产620万千克，肥料利用率提高了3.3个百分点，亩节肥1.1千克（纯养分），总节省化肥22万千克（纯养分）；平均每亩节本增效53.1元，总节本增效1 062万元。全县10万亩马铃薯平均亩增产156千克，总增产1 560万千克，亩节肥1.2千克，总节肥12万千克，平均每亩节本增效116.4元，总节本增效1 164万元；2009年使全县20万亩玉米平均亩增产51千克，总增产粮食1 020万千克，肥料利用率提高了3.3个百分点，亩节肥1.05千克（纯养分），总节省化肥21万千克（纯养分）；平均每亩节本增效80元，总节本增效1600万元。全县10万亩马铃薯平均亩增产154千克，总增产1 540万千克，亩节肥1.2千克，总节肥12万千克，平均每亩节本增效116元，总节本增效1 160万元。2010年使全县20万亩玉米平均亩增产53千克，总增产粮食1 060万千克，肥料利用率提高了3.3个百分点，亩节肥1千克（纯养分），总节省化肥20万千克（纯养分）；平均每亩节本增效120元，总节本增效2 400万元。全县10万亩马铃薯平均亩增产158千克，总增产1 580万千克，亩节肥1千克，总节肥10万千克，平均每亩节本增效163元，总节本增效1 630万元。实施测土配方施肥项目对于降低农业生产成本，提高粮食单产和耕地土壤肥力，提高肥料利用率，改善农产品品质，保护农业生态环境，转变农业经济增长方式，促进农业可持续发展，实现农民持续增收、粮食稳定发展具有重要的现实意义。

第三节　耕地污染防治对策与建议

一、耕地环境质量现状

山西农业大学资源环境学院农业资源环境监测中心对东秀庄乡的20个土壤，1个水样品的数据进行分析，全部属于安全点位，属于非污染土壤。但并非说绝对没有污染，特别是近年来工业的快速发展，土壤污染不可被免，应引起足够重视，特别是镍、汞的污染。

汞对于植物为低毒，在土壤的一般浓度下对植物生长无影响。但是汞对于动物和人的危害严重，汞及其化合物可通过呼吸道、消化道、皮肤进入人体，通过呼吸道摄入的气态汞具有高毒，有机汞化合物是高毒性的，可引起神经性疾病，还具有致畸和致突变性。汞残留在植物的籽实中，通过食物链而危害人体健康。土壤总汞达到超过 0.5 毫克/千克，即认为已受到汞污染（或为高背景区），对生态会产生不良影响；土壤总汞超过 1.0 毫克/千克，则会对生态造成较严重的危害，生长在这种土壤中的粮食、蔬菜，残留汞可能超过食用标准。

土壤中的汞污染主要来源于灌溉、燃煤、汞冶炼厂和汞制剂厂（仪表、电气、氯碱工业等）的排放，含汞农药和含汞底泥肥料的使用也是重要的汞污染源。

土壤中少量镍对植物生长有益，对缺镍的土壤施用镍盐溶液有明显增产效果，但过量镍会使植物中毒，表现为与缺铁失绿相似。镍也是人体必需的微量营养元素之一，但某些镍的化合物，如羰基镍毒性很大，是一种强的致癌物。摄入过量的镍会导致中毒，土壤中镍主要来自成土母质。

二、控制、防治、修复污染的方法与措施

（一）提高保护土壤资源的认识

在环境三要素中，土壤污染远远没有像空气、水体污染那样受到人们的关注和重视。很少有人思考土壤污染及其对陆地生态系统、人类生存带来的威胁。土壤污染具有渐进性、长期性、隐蔽性和复杂性的特点。它对动物和人体的危害可通过食物链逐级积累，人们往往身处其害而不知其害，不像大气、水体污染易被人直觉观察。土壤污染除极少数突发性自然灾害（如火山活动）外，主要是人类活动造成的。因此，在高强度开发、利用土壤资源，寻求经济发展，满足特质需求的同时，一定要防止土壤污染、生态环境被破坏，力求土壤资源、生态环境、社会影响、社会经济协调、和谐发展。土壤与大气、水体的污染是相互影响，相互制约的。据报道，大气和水体中的污染物的 90%以上最终会沉积在土壤中，土壤会作为各种污染物的最终聚集地。反过来，污染土壤也将导致空气和水体的污染，如过量施用氮素肥料，可能因硝态氮随渗漏进入地下水，引起地下水硝态氮超标。

（二）土壤污染的预防措施

1. 执行国家有关污染物的排放标准 要严格执行国家部门颁发的有关污染物管理标准，如《农药登记规定》(1982)、《农药安全使用规定》(1982)、《工业、“三废”排放试行标准》(1973)、《农用灌溉水质标准》(1985)、《征收排污费暂行办法》(1982) 以及国家部门关于“污泥施用质量标准”，并加强对污水灌溉与土地处理系统，固体废弃物的土地处于管理。

2. 建立土壤污染监测、预测与评价系统 以土壤环境标准为基准和土壤环境容量为依据，定期对辖区土壤环境质量进行监测，建立系统的档案材料，参照国家组织建议和我国土壤环境污染物目录，确定优先检测的土壤污染物和测定标准方法，按照优先污染次序

进行调查、研究。加强土壤污染物总浓度的控制与管理。必须分析影响土壤中污染物的累积因素和污染趋势，建立土壤污染物累积模型和土壤容量模型，预测控制土壤污染或减缓土壤污染对策和措施。

3. 发展清洁生产　发展清洁生产工艺，加强“三废”治理，有效消除、削减、控制重金属污染源，以减轻对环境的影响。

（三）污染土壤的治理措施

不同污染型的土壤污染，其具体治理措施不完全相同，对已经污染的土壤要根据污染的实际情况进行改良。

1. 金属污染土壤的治理措施　土壤中重金属有不移动性、累积性和不可逆性的特点。因此，要从降低重金属的活性，减小它的生物有效性入手，加强土、水管理。

①通过农田的水分调控，调节土壤 pH 来控制土壤重金属的毒性。如铜、锌、铅等在一定程度上均可通过 pH 的调节来控制它的生物有效性。

②客土、换土法。对于严重污染土壤采取用客土或换土是一种切实有效的方法。

③生物修复。在严重污染的土壤上，采取超积累植物的生物修复技术是一个可行的方法。

④施用有机物质等改良剂。利用有机物质腐熟过程中产生的有机酸铬合重金属，减少其污染。

2. 有机物（农药）污染土壤的防治措施　对于有机物、农药污染的土壤，应从加速土壤中农药的降解入手。可采用如下措施。

①增施有机肥料，提高土壤对农药的吸附量，减轻农药对土壤的污染。

②调控土壤 pH 和 Eh，加速农药的降解。不同有机农药降解对 pH、Eh 要求不同，若降解反应属氧化反应或在好氧微生物作用下发生的降解反应，则应适当提高土壤 Eh。若降解反应是一个还原反应，则应降低 Eh。对于 pH 的影响，对绝大多数有机农药以及滴滴涕、六六六等都在较高 pH 条件下加速降解。

第四节　农业结构调整与适宜性种植

近些年来，五寨县农业的发展和产业结构调整工作取得了突出的成绩，但干旱胁迫严重，土壤肥力有所减退，抗灾能力薄弱，生产结构不良等问题，仍然十分严重，因此为适应 21 世纪我国农业发展的需要，增强五寨县优势农产品参与国际市场竞争的能力，有必要进一步对全县的农业结构现状进行战略性调整，从而促进全县高效农业的发展，实现农民增收。

一、农业结构调整的原则

为适应我国社会主义农业现代化的需要，在调整种植业结构中，遵循下列原则。

一是以国际农产品市场接轨，以增强全县农产品在国际、国内经济贸易的竞争力为原则。

二是以充分利用不同区域的生产条件、技术装备水平及经济基地条件，达到趋利避害，发挥优势的调整原则。

三是以充分利用耕地评价成果，正确处理作物与土壤间、作物与作物间的合理调整为原则。

四是采用耕地资源管理信息系统，为区域结构调整的可行性提供宏观决策与技术服务的原则。

五是保持行政村界线的基本完整的原则。

根据以上原则，在今后一般时间内将紧紧围绕农业增效、农民增收这个目标，大力推进农业结构战略性调整，最终提升农产品的市场竞争力，促进农业生产向区域化、优质化、产业化发展。

二、农业结构调整的依据

通过本次对全区种植业布局现状的调查，综合验证，认识到目前的种植业布局还存在许多问题，需要在区域内部加大调整力度，进一步提高生产力和经济效益。

根据此次耕地质量的评价结果，安排全区的种植业内部结构调整，应依据不同地貌类型耕地综合生产能力和土壤环境质量两方面的综合考虑，具体为：

一是按照七大不同地貌类型，因地制宜规划，在布局上做到宜农则农，宜林则林，宜牧则牧。

二是按照耕地地力评价出1～7个等级标准，在各个地貌单元中所代表面积的数值衡量，以适宜作物发挥最大生产潜力来分布，做到高产高效作物分布在1～3级耕地为宜，中低产田应在改良中调整。

三是按照土壤环境的污染状况，在面源污染、点源污染等影响土壤健康的障碍因素中，以污染物质及污染程度确定，做到该退则退，该治理的采取消除污染源及土壤降解措施，达到无公害绿色产品的种植要求，来考虑作物种类的布局。

三、土壤适宜性及主要限制因素分析

五寨县土壤因成土母质不同，土壤质地也不一致，发育在黄土及黄土状母质上的土壤质地多是较轻而均匀的壤质土，心土及底土层为黏土。总的来说，五寨县的土壤大多为壤质，沙黏含量比较适合，在农业上是一种质地理想的土壤，其性质兼有沙土和黏土之优点，而克服了沙土和黏土之缺点，它既有一定数量的大孔隙，还有较多的毛管孔隙，故通透性好，保水保肥性强，耕性好，宜耕期长，好抓苗，发小又养老。

因此，综合以上土壤特性，五寨县土壤适宜性强，玉米马铃薯、糜谷等粮食作物及经济作物，如蔬菜、西瓜、药材都适宜在五寨县种植。

但种植业的布局除了受土壤质地作用外，还要受到地理位置、水分条件等自然因素和经济条件的限制，在山地、丘陵等地区，由于此地区沟壑纵横，土壤肥力较低，土壤较干旱，气候凉爽，农业经济条件也较为落后，因此要在管理好现有耕地的基础上，将智力、资金和技术逐步转移到非耕地的开发上，大力发展林、牧业，建立农、林、牧结合的生态体系，使其成林、牧产品生产基地。在平原地区由于土地平坦，水源较丰富，是五寨县土壤肥力较高的区域，同时其经济条件及农业现代化水平也较高，故应充分利用地理、经济、技术优势，在不放松粮食生产的前提下，积极开展多种经营，实行粮、菜、水果全面发展。

在种植业的布局中，必须充分考虑到各地的自然条件、经济条件，合理利用自然资源，对布局中遇到的各种限制因素，应考虑到它影响的范围和改造的可行性，合理布局生产，最大限度地、持久地发掘自然的生产潜力，做到地尽其力。

四、种植业布局分区建议

根据五寨县种植业结构调整的原则和依据，结合本次耕地地力调查与质量评价结果，五寨县主要为杂粮种植生产区将五寨县划分为三大优势产业区，分区概述如下。

（一）石山区和土石山区杂粮种植生产区

该区以东部、南部的小河头镇、胡会乡、前所乡、砚城镇为主建设杂粮、杂豆和马铃薯生产基地，种植面积稳定在20万亩。

1. 区域特点　本区主要为芦芽山盘踞，其由黄草梁、荷叶坪、管涔山支脉组成，是吕梁山北端西支芦芽山的一部分，面积为224平方千米，占总面积的16.2%，海拔高度在1 900米以上。境内起伏颇大，高差数十米至数百米，沟深坡陡，地势险要，裸露岩石到处可见。相对位置较低的土石山区，林木茂盛，裸露较少，山坡较平缓，山谷较开阔，石山土山交替，土山覆盖黄土，土层下是岩石。

本区李家坪乡、新寨乡等地广人稀，历来是五寨县主要的产粮区。地势平坦，农业生产条件优越，种植玉米具有得天独厚的有利条件。

2. 种植业发展方向　本区以高产粮田为发展方向，大力发展玉米、马铃薯、糜黍、绿豆、胡麻、黄芥、葵花等作物，按照市场需求和粮食加工业的要求，优化结构，合理布局，引进新优品种，建立无公害、绿色食品生产基地。

3. 主要保障

（1）加大土壤培肥力度，全面推广多种形式秸秆还田，以增加土壤有机质，改良土壤理化性状。

（2）注重作物合理轮作，坚决杜绝连茬多年的习惯。

（3）全力以赴搞好基地建设，通过标准化建设、模式化管理、无害化生产技术应用，使基地取得明显的经济效益和社会效益。

（4）搞好测土配方施肥，增加微肥的施用。

（5）进一步抓好平田整地，整修梯田，建设“三保田”。

（6）积极推广旱作技术和高产综合配套技术，提高科技含量。

（二）黄土丘陵沟壑区杂粮种植生产区

广泛分布在东西北梁的李家坪、孙家坪、梁家坪、东秀庄、杏岭子等乡（镇），面积919平方千米，占总土地面积的66.6%，海拔在1 400～1 600米的范围内，相对高差数十米。

1. 区域特点 本区由于土壤受多种因素不同程度的侵蚀切割，又分为梁地、峁地、沟壑、沟坪地等不同的小地貌类型，而为交错排列，纵横密布。

（1）梁地：垣地经侵蚀沟分割而成的狭长条形地。

（2）峁地：梁地经冲刷切割成圆丘状。

（3）沟壑：梁地与沟底间的陡峻斜坡。

（4）沟坪地：即沟底、地面较为平坦或微有起伏。

2. 种植业发展方向 坚持“以市场为导向、以效益为目标”的原则，积极发展高效农业，建立无公害、绿色、有机蔬菜生产基地。

3. 主要保证措施

（1）良种良法配套，提高品质，增加产出，增加效益。

（2）增施有机肥料，有效提高土壤有机质含量。

（3）加强技术培训，提高农民素质。

（4）加强水利设施建设，一方面充分利用引黄工程，千方百计扩大水浇地面积；另一方面增加深井，扩大水浇地面积。

（三）河谷平川区杂粮种植生产区

本区面积237.5平方千米，占总土地面积的17.2%，海拔为1 200～1 400米，分布在整个朱家川，包括7个乡（镇）。

1. 区域特点 本区地形平坦宽阔，两面为丘陵所限制，最宽处2.5千米，窄处0.5千米，全长80千米为近代河流洪积一冲积性黄土状物质。

2. 种植业发展方向 大力发展一年两作或两年三作高产高效粮田，在现有基础上，优化结构，建立无公害生产基地。

3. 主要保证措施

（1）加大土壤培肥力度，全面推广多种形式秸秆还田，以增加土壤有机质，改良土壤理化性状。

（2）注重作物合理轮作，坚决杜绝连茬多年的习惯。

（3）全力以赴搞好基地建设，通过标准化建设、模式化管理、无害化生产技术应用，使基地取得明显的经济效益和社会效益。

第五节 耕地质量管理对策

耕地地力调查与质量评价成果为全县耕地质量管理提供了依据，耕地质量管理决策的制定，成为全县农业可持续发展的核心内容。

一、建立依法管理体制

（一）工作思路

以发展优质高效、生态、安全农业为目标，以耕地质量动态监测管理为核心，满足人民日益增长的农产品需求。

（二）建立完善行政管理机制

1. 制定总体规划 坚持“因地制宜、统筹兼顾，局部调整、挖掘潜力”的原则，制定全县耕地地力建设与土壤改良利用总体规划，实行耕地用养结合，划定中低产田改良利用范围和重点，分区制定改良措施，严格统一组织实施。

2. 建立以法保障体系 制定并颁布《五寨县耕地质量管理办法》，设立专门监测管理机构，县、乡、村三级设定专人监督指导，分区布点，建立监控档案，依法检查污染区域项目治理工作，确保工作高效到位。

3. 加大资金投入 县政府要加大资金支持，县财政每年从农发资金中列支专项资金，用于全县中低产田改造和耕地污染区域综合治理，建立财政支持下的耕地质量信息网络，推进工作有效开展。

（三）强化耕地质量技术实施

1. 提高土壤肥力 组织县、乡农业技术人员实地指导，组织农户合理轮作，平衡施肥，安全施药、施肥，推广秸秆还田、种植绿肥、施用生物菌肥，多种途径提高土壤肥力，降低土壤污染，提高土壤质量。

2. 改良中低产田 实行分区改良，重点突破。灌溉改良区重点抓好灌溉配套设施的改造、节水浇灌、挖潜增灌、扩大浇水面积，丘陵、山区中低产区要广辟肥源，深耕保墒，轮作倒茬，粮草间作，扩大植被覆盖率，修整梯田，达到增产增效目标。

二、建立和完善耕地质量监测网络

随着全县工业化进程的不断加快，工业污染日益严重，在重点工业生产区域建立耕地质量监测网络已迫在眉睫。

（1）设立组织机构：耕地质量监测网络建设，涉及环保、土地、水利、经贸、农业等多个部门，需要县政府协调支持，成立依法行政管理机构。

（2）配置监测机构：由县政府牵头，各职能部门参与，组建长治县耕地质量监测领导组，在县环保局下设办公室，设定专职领导与工作人员，建立企业治污工程体系，制定工作细则和工作制度，强化监测手段，提高行政监测效能。

（3）加大宣传力度：采取多种途径和手段，加大《环保法》宣传力度，在重点污排企业及周围乡印刷宣传广告，大力宣传环境保护政策及科普知识。

（4）监测网络建立：在全县依据这次耕地质量调查评价结果，划定安全、非污染、轻污染、中度污染、重污染五大区域，每个区域确定10～20个点，定人、定时、定点取样监测检验，填写污染情况登记表，建立耕地质量监测档案。对污染区域的污染源，要查清原因，由县耕地质量监测机构依据检测结果，强制企业污染限期限时达标治理。对未能限期达标企业，一律实行关停整改，达标后方可生产。

（5）加强农业执法管理：由县农业、环保、质检行政部门组成联合执法队伍，宣传农业法律知识，对市场化肥、农药实行市场统一监控、统一发布，将假冒农用物资一律依法查封销毁。

(6) 改进治污技术：对不同污染企业采取烟尘、污水、污碴分类科学处理转化。对工业污染河道及周围农田，采取有效物理、化学降解技术，降解铅、镉及其他重金属污染物，并在河道两岸50米栽植花草、林木、净化河水，美化环境；对化肥、农药污染农田，要划区治理，积极利用农业科研成果，组成科技攻关组，引试降解剂，逐步消解污染物。

(7) 推广农业综合防治技术：在增施有机肥降解大田农药、化肥及垃圾废弃物污染的同时，积极宣传推广微生物菌肥，以改善土壤的理化性状，改变土壤溶液酸碱度，改善土壤团粒结构，减轻土壤板结，提高土壤保水、保肥性能。

三、农业税费政策与耕地质量管理

农业税费改革政策的出台必将极大调整农民粮食生产积极性，成为耕地质量恢复与提高的内在动力，对全县耕地质量的提高具有以下几个作用。

1. 加大耕地投入，提高土壤肥力 目前，全县丘陵面积大，中低产田分布区域广，粮食生产能力较低。税费改革政策的落实有利于提高单位面积耕地养分投入水平，逐步改善土壤养分含量，改善土壤理化性状，提高土壤肥力，保障粮食产量恢复性增长。

2. 改进农业耕作技术，提高土壤生产性能 农民积极性的调动，成为耕地质量提高的内在动力，将促进农民平田整地，耙耱保墒，加强耕地机械化管理，缩减中低产田面积，提高耕地地力等级水平。

3. 采用先进农业技术，增加农业比较效益 采取有机旱作农业技术，合理优化适栽技术，加强田间管理，节本增效，提高农业比较效益。

农民以田为本，以田谋生，农业税费政策出台以后，土地属性发生变化，农民由有偿支配变为无偿使用，成为农民家庭财富的一部分，对农民增收和国家经济发展将起到积极的推动作用。

四、扩大无公害农产品生产规模

在国际农产品质量标准市场一体化的形势下，扩大全县无公害农产品生产成为满足社会消费需求和农民增收的关键。

（一）理论依据

综合评价结果，耕地无污染的占90%，适合生产无公害农产品，适宜发展绿色农业生产。

（二）扩大生产规模

在五寨县发展绿色无公害农产品，扩大生产规模，要根据耕地地力调查与质量评价结果为依据，充分发挥区域比较优势，合理布局，规模调整，实施“4015”工程。一是在粮食生产上，到2015年，在全县发展28万亩无公害、绿色、有机玉米、谷子、大豆、马铃薯；二是在蔬菜生产上，发展无公害、绿色、有机蔬菜2万亩；三是在水果生产上，发展无公害、绿色、有机。到2015年无公害、绿色、有机农产品认证50个。

（三）配套管理措施

1. 建立组织保障体系　设立五寨县无公害农产品生产领导组，下设办公室，地点在县农业委员会。组织实施项目列入县政府工作计划，单列工作经费，由县财政负责执行。

2. 加强质量检测体系建设　成立县级无公害农产品质量检验技术领导组，县、乡下设两级监测检验的网点，配备设备及人员，制定工作流程，强化监测检验手段，提高检测检验质量，及时指导生产基地技术推广工作。

3. 制定技术规程　组织技术人员建立五寨县无公害农产品生产技术操作规程，重点抓好平衡施肥，合理施用农药，细化技术环节，实现标准化生产。

4. 打造绿色品牌　重点打造好无公害、绿色、有机玉米、谷子、大豆、马铃薯、红枣、海红、蔬菜等品牌农产品的生产经营。

五、加强农业综合技术培训

自20世纪80年代起，五寨县就建立起县、乡、三级农业技术推广网络。由县农业技术推广中心牵头，搞好技术项目的组织与实施，负责划区技术指导。行政村配备1名科技副村长，在全县设立农业科技示范户。先后开展了玉米、马铃薯、红枣、海红、中药材、谷子、大豆等作物优质高产高效生产技术培训，推广了旱作农业、秸秆覆盖、小麦地膜覆盖、双千创优工程及设施蔬菜“四位一体”综合配套技术。

现阶段，五寨县农业综合技术培训工作一直保持领先，有机旱作、测土配方施肥、生态沼气、无公害蔬菜生产技术推广已取得明显成效。充分利用这次耕地地力调查与质量评价，主抓以下几方面技术培训。

（1）宣传加强农业结构调整与耕地资源有效利用的目的及意义。

（2）全县中低产田改造和土壤改良相关技术推广。

（3）耕地地力环境质量建设与配套技术推广。

（4）绿色无公害农产品生产技术操作规程。

（5）农药、化肥安全施用技术培训。

（6）农业法律、法规、环境保护相关法律的宣传培训。

通过技术培训，使五寨县农民掌握必要的知识与生产实行技术，推动耕地地力建设，提高农业生态环境、耕地质量环境的保护意识，发挥主观能动性，不断提高全县耕地地力水平，以满足日益增长的人口和物资生活需求，为全面建设小康社会打好农业发展基础平台。

第六节　耕地资源管理信息系统的应用

耕地资源信息系统以一个县行政区域内耕地资源为管理对象，应用GIS技术，对辖区内的地形、地貌、土壤、土地利用、农田水利、土壤污染、农业生产基本情况、基本农田保护区等资料进行统一管理，构建耕地资源基础信息系统，并将其数据平台与各类管理模型结合，对辖区内的耕地资源进行系统的动态管理，为农业决策、农民和农业技术人员提供耕地质量动态变化规律、土壤适宜性、施肥咨询、作物营养诊断等多方位的信息服务。

本系统行政单元为，农业单元为基本农田保护块，土壤单元为土种，系统基本管理单元为土壤、基本农田保护块、土地利用现状叠加所形成的评价单元。

一、领导决策依据

这次耕地地力调查与质量评价直接涉及耕地自然要素、环境要素、社会要素及经济要素 4 个方面，为耕地资源信息系统的建立与应用提供了依据。通过全县生产潜力评价、适宜性评价、土壤养分评价、科学施肥、经济性评价、地力评价及产量预测，及时指导农业生产的发展，为农业技术推广应用作好信息发布，为用户需求分析及信息反馈打好基础。主要依据：一是全县耕地地力水平和生产潜力评估为农业远期规划和全面建设小康社会提供了保障；二是耕地质量综合评价，为领导提供了耕地保护和污染修复的基本思路，为建立和完善耕地质量检测网络提供了方向；三是耕地土壤适宜性及主要限制因素分析为全县农业调整提供了依据。

二、动态资料更新

这次五寨县耕地地力调查与质量评价中，耕地土壤生产性能主要包括地形部位、土体构型较稳定的物理性状、易变化的化学性状、农田基础建设五个方面。耕地地力评价标准体系与 1984 年土壤普查技术标准出现部分变化，耕地要素中基础数据有大量变化，为动态资料更新提供了新要求。

（一）耕地地力动态资源内容更新

1. 评价技术体系有较大变化 这次调查与评价主要运用了“3S”评价技术。在技术方法上，采用文字评述法、专家经验法、模糊综合评价法、层次分析法、指数和法；在技术流程上，应用了叠置法确定评价单元，空间数据与属性数据相连接，采用德尔菲法和模糊综合评价法，确定评价指标，应用层次分析法确定各评价因子的组合权重，用数据标准化计算各评价因子的隶属函数并将数值进行标准化，应用了累加法计算每个评价单元的耕地力综合评价指数，分析综合地力指数，分布划分地力等级，将评价的地方等级归入农业部地力等级体系，采取 GIS、GPS 系统编绘各种养分图和地力等级图等图件。

2. 评价内容有较大变化 除原有地形部位、土体构型等基础耕地地力要素相对稳定以外，土壤物理性状、易变化的化学性状、农田基础建设等要素变化较大，尤其是土壤容重、有机质、pH、有效磷、速效钾指数变化明显。

3. 增加了耕地质量综合评价体系 土样、水样化验检测结果为全县绿色、无公害农产品基地建立和发展提供了理论依据。图件资料的更新变化，为今后全县农业宏观调控提供了技术准备，空间数据库的建立为全县农业综合发展提供了数据支持，加速了全县农业信息化快速发展。

（二）动态资料更新措施

结合这次耕地地力调查与质量评价，五寨县及时成立技术指导组，确定专门技术人员，从土样采集、化验分析、数据资料整理编辑，计算机网络连接畅通，保证了动态资料更新及时、准确，提高了工作效率和质量。

三、耕地资源合理配置

（一）目的意义

多年来，五寨县耕地资源盲目利用，低效开发，重复建设情况十分严重，随着农业经济发展方向的不断延伸，农业结构调整缺乏借鉴技术和理论依据。这次耕地地力调查与质量评价成果对指导全县耕地资源合理配置，逐步优化耕地利用质量水平，对提高土地生产性能和产量水平具有现实意义。

五寨县耕地资源合理配置思路是：以确保粮食安全为前提，以耕地地力质量评价成果为依据，以统筹协调发展为目标，用养结合，因地制宜，内部挖潜，发挥耕地最大生产效益。

（二）主要措施

1. 加强组织管理，建立健全工作机制　县上要组建耕地资源合理配置协调管理工作体系，由农业、土地、环保、水利、林业等职能部门分工负责，密切配合，协同作战。技术部门要抓好技术方案制定和技术宣传培训工作。

2. 加强农田环境质量检测，抓好布局规划　将企业列入耕地质量检测范围。企业要加大资金投入和技术改造，降低“三废”对周围耕地污染，因地制宜大力发展绿色无公害农产品优势生产基地。

3. 加强耕地保养利用，提高耕地地力　依照耕地地力等级划分标准，划定五寨县耕地地力分布界限，推广平衡施肥技术，加强农田水利基础设施建设，平田整地，淤地打坝，中低产田改良，植树造林，扩大植被覆盖面，防止水土流失，提高梯（园）田化水平。采用机械耕作，加深耕层，熟化土壤，改善土壤理化性状，提高土壤保水保肥能力。划区制定技术改良方案，将全县耕地地力水平分级划分到、到户，建立耕地改良档案，定期定人检查验收。

4. 重视粮食生产安全，加强耕地利用和保护管理　根据五寨县农业发展远景规划目标，要十分重视耕地利用保护与粮食生产之间的关系。人口不断增长，耕地逐年减少，要解决好建设与吃饭的关系，合理利用耕地资源，实现耕地总面积动态平衡，解决人口增长与耕地矛盾，实现农业经济和社会可持续发展。

总之，耕地资源配置，主要是各土地利用类型在空间上的整体布局；另一层含义是指同一土地利用类型在某一地域中是分散配置还是集中配置。耕地资源空间分布结构折射出其地域特征，而合理的空间分布结构可在一定程度上反映自然生态和社会经济系统间的协调程度。耕地的配置方式，对耕地产出效益的影响截然不同，经过合理配置，农耕地相对规模集中，既利于农业管理，又利于减少投工投资，耕地的利用率将有较大提高。

一是严格执行《基本农田保护条例》，增加土地投入，大力改造中低产田，使农田数量与质量稳步提高；二是园地面积要适当调整，淘汰劣质果园，发展优质果品生产基地；三是林草地面积适量增长，加大四荒拍卖开发力度，种草植树，力争森林覆盖率达到30%，牧草面积占到耕地面积的2%以上。搞好河道、滩涂地有效开发，增加可利用耕地面积。加大小流域综合治理，在搞好耕地整治规划的同时，治山治坡、改土造田、基本农田建设与农业综合开发结合进行；要采取措施，严控企业占地，严控农宅基地占用一级、二级耕田，加大废旧砖窑和农废弃宅基地的返田改造，盘活耕地存量调整，"开源"与"节流"并举，加快耕地使用制度改革。实行耕地使用证发放制度，促进耕地资源的有效利用。

四、土、肥、水、热资源管理

（一）基本状况

五寨县耕地自然资源包括土、肥、水、热资源。它是在一定的自然和农业经济条件下逐渐形成的，其利用及变化均受到自然、社会、经济、技术条件的影响和制约。自然条件是耕地利用的基本要素。热量与降水是气候条件最活跃的因素，对耕地资源影响较为深刻，不仅影响耕地资源类型形成，更重要的是直接影响耕地的开发程度、利用方式、作物种植、耕作制度等方面。土壤肥力则是耕地地力与质量水平基础的反映。

1. 光热资源 五寨县属温带半湿润大陆性季风气候，四季分明，冬季寒冷干燥，夏季炎热多雨。年均气温为9.8℃，7月最热，平均气温达24.8℃，极端最高气温达41.5℃。1月最冷，平均气温－8.1℃，极端最低气温－25.8℃。县域热量资源丰富，大于0℃的积温为4 268.9℃，稳定在10℃以上的积温3 911.3℃。历年平均日照时数为2 640.4小时，无霜期为181天。

2. 降水与水文资源 五寨县全年降水量为396.4毫米，不同地形间雨量分布规律：东部土石山区降水较多，降水量450毫米以上，西部河谷地区较少，年降水量在360毫米以下，年度间全县降水量差异较大，降水量季节性分布明显，主要集中在7月、8月、9月这3个月，占年总降水量的77%左右。

五寨县位于黄土高原，属于旱贫水县之一。水利资源可利用总量8 250万立方米，其中河水1 990万立方米，地下水可采量4 000万立方米，洪水2 260万立方米。

3. 土壤肥力水平 五寨县耕地地力平均水平较低，依据《山西省中低产田类型划分与改良技术规程》，分析评价单元耕地土壤主要障碍因素，将全县耕地地力等级的2～5级归并为4个中低产田类型，总面积50.35万亩，占耕地面积的98.6%，主要分布于中部丘陵地区和东部土石山区。全县耕地土壤类型为：栗褐土、黄绵土、风沙土、潮土4大类，其中栗褐土分布面积较广，约占52.32%，黄绵土约占31.36%。全县土壤质地较好，主要分为沙土、沙壤、轻壤、中壤、重壤、黏土6种类型，其中轻壤质土约占92%。土壤pH为7.1～9.7，平均值为8.4，耕地土壤容重范围为1.15～1.33克/立方厘米，平均值为1.24克/立方厘米。

（二）管理措施

在五寨县建立土壤、肥力、水热资源数据库，依照不同区域土、肥、水热状况，分类分区划定区域，设立监控点位、定人、定期填写检测结果，编制档案资料，形成有连续性的综合数据资料，有利于指导全县耕地地力恢复性建设。

五、科学施肥体系和灌溉制度的建立

（一）科学施肥体系建立

五寨县平衡施肥工作起步较早，最早始于20世纪70年代末定性的氮磷配合施肥，80年代初为半定量的初级配方施肥。90年代以来，有步骤定期开展土壤肥力测定，逐步建立了适合全县不同作物、不同土壤类型的施肥模式。在施肥技术上，提倡“增施有机肥，稳施氮肥，增施磷，补施钾肥，配施微肥和生物菌肥”。

根据五寨县耕地地力调查结果看，土壤有机质含量有所回升，平均含量为10.58克/千克，属省四级水平，比第二次土壤普查6.147克/千克，提高了4.433克/千克；全氮平均含量0.66克/千克，属省五级水平，比第二次土壤普查0.389克/千克，提高了0.271克/千克；有效磷平均含量10.64毫克/千克，属省四级水平，比第二次土壤普查6.46毫克/千克，提高了4.18毫克/千克；速效钾平均含量为119.26毫克/千克，属省四级水平，比第二次土壤普查84.79毫克/千克，减少了34.7毫克/千克。

1. 调整施肥思路　以节本增效为目标，立足抗旱栽培，着力提高肥料利用率，采取“稳氮、增磷、补钾、配微”原则，坚持有机肥与无机肥相结合，合理调整养分比例，按耕地地力与作物类型分期供肥，科学施用。

2. 施肥方法

①因土施肥。不同土壤类型保肥、供肥性能不同。对全县丘陵区旱地，土壤的土体构型为通体壤或“蒙金型”，一般将肥料作基肥一次施用效果最好；对沙土、夹沙土等构型土壤，肥料特别是钾肥应少量多次施用。

②因品种施肥。肥料品种不同，施肥方法也不同。对碳酸氢铵等易挥发性化肥，必须集中深施覆盖土，一般为10～20厘米，硝态氮肥易流失，宜作追肥，不宜大水漫灌；尿素为高浓度中性肥料，作底肥和叶面喷肥效果最好，在旱地做基肥集中条施。磷肥易被土壤固定，常作基肥和种肥，要集中沟施，且忌撒施土壤表面。

③因苗施肥。对基肥充足，生长旺盛的田块，要少量控制氮肥，少追或推迟追肥时期；对基肥不足，生长缓慢田块，要施足基肥，多追或早追氮肥；对后期生长旺盛的田块，要控氮补磷施钾。

3. 选定施用时期　因作物选定施肥时期。小麦追肥宜选在拔节期追肥；叶面喷肥选在孕穗期和扬花期；玉米追肥宜选在拔节期和大喇叭口期施肥，同时可采用叶面喷施锌肥；棉花追肥选在蕾期和花铃期。

在作物喷肥时间上，要看天气施用，要选无风、晴朗天气，早上9：00以前或下午4：00以后喷施。

4. 选择适宜的肥料品种和合理的施用量施肥　在品种选择上，增施有机肥、高温堆沤积肥、生物菌肥；严格控制硝态氮肥施用，忌在忌氯作物上施用氯化钾，提倡施用硫酸钾肥，补施铁肥、锌肥、硼肥等微量元素化肥。在化肥用量上，要坚持无害化施用原则，一般菜田，亩施腐熟农家肥 2 000～3 000 千克、尿素 25～30 千克、磷肥 40 千克、钾肥 10～15 千克。日光温室以番茄为例，一般亩产 5 000 千克，亩施有机肥 3 000 千克、氮肥（N）25 千克、磷（P_2O_5）23 千克，（K_2O）16 千克，配施适量硼、锌等微量元素。

（二）灌溉制度的建立

五寨县为贫水区之一，目前能灌溉的耕地仅有几十亩，主要采取抗旱节水灌溉措施。

旱地节水灌溉模式：主要包括，一是旱地耕地制作模式，即深翻耕作，加深耕层，平田整地，提高园（梯）田化水平；二是保水纳墒技术模式，即地膜覆盖，秸秆覆盖蓄水保墒，高灌引水，节水管灌等配套技术措施，提高旱地农田水分利用率。

（三）体制建设

在五寨县建立科学施肥与灌溉制度，农业、技术部门要严格细化相关施肥技术方案，积极宣传和指导；林业部门要加大荒坡、荒山植树植被、绿色环境，改善气候条件，提高年际降水量；农业环保部门要加强基本农田及水污染的综合治理，改善耕地环境质量和灌溉水质量。

六、信息发布与咨询

耕地地力与质量信息发布与咨询，直接关系到耕地地力水平的提高，关系到农业结构调整与农民增收目标的实现。

（一）体系建立

以五寨县农业技术部门为依托，在省、市农业技术部门的支持下，建立耕地地力与质量信息发布咨询服务体系，建立相关数据资料展览室，将全县土壤、土地利用、农田水利、土壤污染、基本农业田保护区等相关信息融入计算机网络之中，充分利用县、乡两级农业信息服务网络，对辖区内的耕地资源进行系统的动态管理，为农业生产和结构调整做好耕地质量动态变化、土壤适宜性、施肥咨询、作物营养诊断等多方位的信息服务。在乡建立专门试验示范生产区，专业技术人员要做好协助指导管理，为农户提供技术、市场、物资供求信息，定期记录监测数据，实现规范化管理。

（二）信息发布与咨询服务

1. 农业信息发布与咨询 重点抓好玉米、小麦、蔬菜、水果、中药等适栽品种供求动态、适栽管理技术、无公害农产品化肥和农药科学施用技术、农田环境质量技术标准的入户宣传、编制通俗易懂的文字、图片发放到每家每户。

2. 开辟空中课堂抓宣传 充分利用覆盖全县的电视传媒信号，定期做好专题资料宣传，并设立信息咨询服务电话热线，及时解答和解决农民提出的各种疑难问题。

3. 组建农业耕地环境质量服务组织 在五寨县乡（镇）村选拔科技骨干，统一组织耕地地力与质量建设技术培训，组成农业耕地地力与质量管理服务队，建立奖罚机制，鼓励他们谏言献策，提供耕地地力与质量方面信息和技术思路，服务于全县农业发展。

4. 建立完善执法管理机构 成立由五寨县国土、环保、农业等行政部门组成的综合行政执法决策机构，加强对全县农业环境的执法保护。开展农资市场打假，依法保护利用土地，监控企业污染，净化农业发展环境。同时配合宣传相关法律、法规，让群众家喻户晓，自觉接受社会监督。

第七节　五寨县马铃薯耕地适宜性分析报告

五寨县气候冷凉，适宜种植马铃薯生长，常年种植面积保持在15万亩左右。由于人们生活水平的不断提高，以及对马铃薯营养成分的高度认识，对马铃薯的需求呈上升趋势，因此，充分发挥区域优势，搞好无公害马铃薯生产，对提高马铃薯产业化水平，满足市场需求有重大意义。

一、马铃薯生产条件的适宜性分析

五寨县地处属暖温带大陆性季风气候。境内由于海拔悬殊，地形复杂，导致气温差别较大。尤其是中东部地区气候冷凉，年降雨量丰沛，土壤类型主要为山地褐土，有机质含量较高，土壤质地较轻，特别适宜马铃薯生长。

马铃薯产区主要集中在砚城镇、梁家坪乡、李家坪乡，耕地地力现状：有机质含量4.99～6.98克/千克，平均值5.82克/千克，属省五级水平；全氮含量0.31～0.389克/千克，平均值为0.34克/千克，属省六级水平；有效磷含量3.49～9.18毫克/千克，平均值为5.31毫克/千克，属省五级水平；速效钾含量87.45～111.6毫克/千克，平均值为95.5毫克/千克，属省五级水平；有效硫23.57～46.16毫克/千克，平均值31.44毫克/千克，属省四级水平；微量元素铜、锌、铁、锰皆属省四级水平；硼属省五级水平；钼属省六级水平；pH为8.30～8.49，平均值8.40；容重平均值1.24克/立方厘米。

二、马铃薯生产技术要求

（一）引用标准

GB 3095—1982　大气环境质量标准

GB 9137—1988　大气污染物允许浓度标准

GB 15618—1995　土壤环境质量标准

GB 3838—1988　国家地下水环境质量标准

GB 4285—1989　农药安全使用标准

GB/T 1557.1—1995　农药残留检测

（二）具体要求

1. 土壤　马铃薯对土壤的适应性较广，但较适宜pH为4.8～6.8的土壤中生长，过酸会出现植株早衰，过碱不利于出苗生长及疮痂病发生严重。土壤过黏易板结，不利薯块膨大，过沙肥力差，产量不高。最适宜种植在富含有机质、松软、排灌便利的壤质土。

2. 温度　解除休眠的薯块，在5℃时芽条生长很缓慢，随着温度逐步上升至22℃，生长随之相应加快；25～27℃的高温下茎叶生长旺盛，易造成徒长；15～18℃最适宜薯块的生长，超过27℃，则薯块生长缓慢。马铃薯整个生长发育期的适宜温度是10～25℃。

3. 光照 马铃薯在长日照下，植株生长很快。在生育期内，光照不足或荫蔽缺光的地方，茎叶易于发生徒长，延迟生长发育，抗病力减弱；短日照有利于薯块形成，一般每天日照时数在11～13小时最为适宜，超过15小时，植株生长旺盛，则薯块产量下降。结薯期处于短日照，强光和配以昼夜温差大，极利于促进薯块生长而获得高产。

4. 水分 马铃薯既怕旱又怕涝，喜欢在湿润的条件下生长。所以要经常保持土壤湿润，土壤水分保持在60%～80%比较适宜。土壤水分超过80%对植株生长有不良影响，尤其在后期积水超过24小时，薯块易腐烂。在低洼地种植马铃薯，要注意排除渍水或实行高畦种植。

5. 养分 马铃薯的生长发育对氮、磷、钾三要素的要求，需钾肥最多，氮肥次之，磷肥较少。氮、磷、钾肥的施用最好能根据土壤肥力，实行测土配方施肥。

（三）马铃薯的栽培技术要点

1. 选用适宜品种及脱毒种薯 根据不同的土壤气候条件和气候特点选用适宜的品种，目前五寨县主要引进种植和示范推广的良种主要有：紫花白、东北白、金冠及同薯23号等。宜选用脱毒马铃薯原种或一级、二级种薯，杜绝用商品薯做种薯。

2. 种薯处理 种薯应选择健康无病、无破损、表皮光滑、储藏良好且具有该品种特征的薯块，大小一致，每个种薯重30～50克，最好整薯播种，可避免切块传病和薯块腐烂造成缺株，但薯块较大的种薯可进行切块种植。种薯在催芽或播种前应进行消毒处理，用200～250倍的福尔马林液浸种30分钟，或用1 000倍稀释的农用链霉素、细菌杀喷雾等。

3. 适时种植 为了确保马铃薯高产增收，适宜在4月下旬至5月上旬播种。

4. 选择整地 选择前作玉米的地块、土壤疏松，富含有机质，肥力中等以上土层深厚的田块，进行深耕、平整。

5. 重视基肥 一般每亩施用农家肥4 000千克、碳酸氢铵100千克、磷肥（过磷酸钙）50千克，硫酸钾15千克，将它们充分拌匀，开挖10厘米深的种植沟，均匀撒施于种植沟内，然后覆少量土。

6. 合理密植 根据土壤肥力状况和品种特性而确定合理的种植密度，一般肥力条件下，按每亩种植3 000～3 300株为宜，每亩用种量120～150千克。在施有基肥的种植沟内按株距30厘米点放种薯，单株种植，芽眼向上，然后盖3～5厘米细土。

7. 田间管理

（1）苗期管理：种后30天即可全苗，此时应及时深锄一次使土壤疏松通气，除草培土。

（2）现蕾期管理：现蕾期要进行第二次中耕除草，此次只蹚不铲，以免铲断肉质延生根，蹚土压草与手工拔除相结合防止草荒。结合培土，每亩施硫酸钾15千克、尿素8千克。同时，为了节省养分，促进块茎生长，应及时掐去花蕾，见蕾就掐。

（3）开花期管理：必须在开花期植株封行前完成培土，根据降雨情况（如土壤持续15天干旱）要适时浇水，促进提早进入结薯期。在盛花期要注意观察，发生徒长的可喷施多效唑抑制徒长。

（4）结薯期管理：结薯期应避免植株徒长，特别是块茎膨大期对肥水要求较高，只靠根系吸收已不能满足植株的需要，可采用0.5%的尿素与0.3%磷酸二氢钾混合液进行叶面喷施，土壤持水量保持在80%左右。

8. 防治病虫害　马铃薯的主要病害有青枯病、晚疫病、卷叶病毒病、锈病、霜霉病；主要虫害有蚜虫、浮尘子、二十八星瓢虫、地老虎、金龟子等。应结合田间管理做好病虫害的防治工作，在整个生育期内发现病株要及时拔除，并清除地上和地下病株残体。

（1）病毒病防治：现蕾期及时发现和拔除病毒感染的花叶、卷叶、叶片皱缩、植株矮化等症状的病株，在发病初期用1.5%的植病灵乳剂1 000倍液或病毒A可湿性粉剂500倍液喷雾防治。

（2）晚疫病防治：在开花后或发生期喷洒64%的杀毒矾可湿性粉剂500倍液或1∶1∶200的波尔多液，每7～10天喷1次，连喷2～3次。

（3）蚜虫防治：出苗后25天，采用40%氧化乐果乳油、功夫、灭蚜威等500～1 000倍液喷雾防治。

（4）马铃薯瓢虫防治：用90%敌百虫1 000倍液，或氧化乐果1 500倍液，或2.5%敌杀死5 000倍液均匀喷雾。

9. 适期收获　当马铃薯生长停止，茎叶逐渐枯黄，匍匐茎与块茎容易脱落时应及时收获。收获过早块茎不成熟，干物质积累少，产量低；收获过迟，容易造成烂薯，降低品质，影响产量。选择晴天挖薯，按薯块大小分类存放，薯块表面水分晾干后，置于通风、阴凉、干燥的地方储藏。

三、马铃薯生产目前存在的问题

1. 施肥不合理　从马铃薯产区农户施肥量调查看，施肥利用率较低。从马铃薯生产施肥过程中看，存在的主要问题是氮、磷、钾配比不当。

2. 微量元素肥料施用量不足　微量元素大部分存在于矿物质中，不能被植物吸收利用，而微量元素对农产品品质有着不可替代的作用，生产中存在的主要问题是农户微肥施用量较低，甚至有不施微肥的现象。

3. 播期过早　从全县看，马铃薯播种期主要集中在4月上旬前后，播期过早，不利于马铃薯生长。

四、马铃薯生产的对策

1. 增施有机肥，提高土壤水分利用率　一是积极组织农户广开肥源，培肥地力，努力达到改善土壤结构，提高纳雨蓄墒的能力；二是玉米与马铃薯轮作时，大力推广玉米秸秆覆盖、二元双覆盖、玉米秸秆粉碎还田等还田技术；三是狠抓农机具配套，扩大秸秆翻压还田面积；四是加快和扩大商品有机肥的生产和应用。在施用的有机肥的过程中，农家肥必须经过高温发酵，不得施用未经腐熟的厩肥、泥肥、饼肥、人粪尿等。

2. 合理调整肥料用量和比例　首先要合理调整氮、磷、钾施用比例；其次，要合理曾氏磷钾肥，保证土壤养分平衡。

3. 科学施微肥 在合理施用氮、磷、钾肥的基础上，要科学施用微肥，以达到优质、高产目的。

4. 延迟播期 马铃薯开花至膨大期是需水量最大时期，结合五寨县降雨，延迟播种期，一般在 4 月下旬至 5 月上旬播种，使它与马铃薯需水肥最大时期相遇，有利于提高肥料利用率。

第八节 五寨县耕地质量状况与玉米标准化生产的对策研究

五寨县日照时数较长，昼夜温差较大，有利于玉米作物生长。全县种植玉米的面积在 20 万亩左右。

一、玉米主产区耕地质量现状

从养分测定结果看，五寨县玉米主产区理化性质为：有机质含量为 4.99～11.45 克/千克，平均值为 8.76 克/千克，属省五级水平；全氮含量为 0.33～0.89 克/千克，平均值为 0.53 克/千克，属省六级水平；有效磷含量为 4.32～10.79 毫克/千克，平均值为 8.94 毫克/千克，属省五级水平；速效钾含量为 86.47～123.08 毫克/千克，平均值为 109.74 毫克/千克，属省五级水平；有效硫为 22.72～51.21 毫克/千克，平均值为 35.34 毫克/千克，属省四级水平；微量元素铜、锌、铁、锰皆属省四级水平；硼属省五级水平；钼属省六级水平；pH 为 8.27～8.48，平均值为 8.36；容重平均值为 1.27g/厘米^3。

二、玉米生产技术要求

（一）种子选择及其处理

1. 品种选择 选用五寨县常年种植面积较大的郑单 958、先玉 335、忻玉 110 作为骨干品种。

2. 种子质量 种子纯度不低 98%，净度不低于 98%，发芽率（幼苗）不低于 90%，含水量不高于 16%。

3. 种子处理 播前须进行包衣处理，以控制地老虎、蛴螬、蝼蛄等地下害虫，丝黑穗病、瘤黑粉病等病害的危害。

（二）选地、选茬与耕翻整地

1. 选地 选择耕层深厚、肥力较高、保水、保肥及排水良好的地块。

2. 选茬 选择大豆、小麦、马铃薯、玉米等肥沃的茬口。

3. 耕整地 实施以深松为基础松、翻、耙结合的土壤耕作制，3 年深翻一次。

（1）伏秋翻整地：伏耕翻整地，耕翻深度 20～23 厘米，做到无漏耕、无立垡、无坷垃，翻后耙耢，按种植要求垄距起垄镇压。秋翻秋整地，耕翻深度 20～23 厘米，做到无漏耕、无立垡、无坷垃。及时起垄或夹肥起垄。

（2）耙茬、深松整地：一般适用于土壤墒情较好的大豆、马铃薯等软茬，先灭茬深松垄台，然后耢平，起垄镇压，严防跑墒。深松整地，先松原垄沟，再破原垄台合成新垄，及时镇压。

（三）施肥

实施测土配方施肥，做到氮、磷、钾及微量元素合理搭配。

1. 有机肥　每公顷施用含有机质8%以上的农肥30～40吨。结合整地撒施或条施夹肥。

2. 化肥

（1）磷肥：每公顷按五氧化二磷75～112千克折合商品化肥量，结合整地做底肥或种肥施入。

（2）钾肥：每公顷按氧化钾60～75千克折合商品化肥量，做底肥或种肥，不能做秋施底肥，也可用硅酸盐细菌代替钾肥。

（3）氮肥：每公顷按纯氮100～150千克折合商品化肥量，其中30%～40%做底肥或种肥，另60%～70%做追肥施入。

3. 毒颗粒　用毒颗粒防治地下害虫。每公顷用60～70千克的0.125%的辛硫磷毒颗粒（配制方法：50%的辛硫磷乳油0.5千克，对水5～10千克拌入200千克煮熟的破碎豆、玉米或高粱中）随肥埯施，或每公顷用50甲拌磷22.5千克，随肥埯施。

（四）播种

1. 播期　5月中上旬，播期不能太晚，确保苗全、苗齐、苗匀。

2. 种植方式

（1）清种。

（2）间种：与大豆、小麦、早熟马铃薯、亚麻、矮高粱、早熟豆角、早熟甘蓝等作物间作。间种比例：与粮食作物间种以6∶2或4∶2或2∶2形式；与早熟豆角、早熟甘蓝等菜类作物间作以2∶1形式。

3. 播法　人工催芽埯种的，土壤含水量低于20%的地块坐水埯种，土壤含水量高于20%的地块可直接埯种；垄上机械精量点（穴）播的，可在成垄地块，采用机械精量等距点播。播种做到深浅一致，覆土均匀。埯种地块播后及时镇压；坐水埯种地块播后隔天镇压；机械播种随播随镇压。镇压后播深达到3～4厘米，镇压做到不漏压、不拖堆。

4. 密度

（1）间种：株型收敛品种，每公顷保苗6万～9万株；株型繁茂品种，每公顷保苗5万～5.5万株。

（2）清种：株型收敛品种，每公顷保苗6万～8万株；株型繁茂品种，每公顷保苗4.5万～5万株。按种植密度要求确定播种量。

（五）田间管理

1. 查田、补栽　出苗前及时检查发芽情况，如发现粉种、烂芽，要准备好补种用种或预备苗；出苗后如缺苗，要利用预备苗或田间多余苗及时坐水补栽。3～4片叶时，要将弱苗、病苗、小苗去掉，一次等距定苗。

2. 铲前深松、蹚地　出苗后要进行深松或铲前蹚一犁。

3. 铲蹚 头遍铲蹚后，每隔 10～12 天铲蹚 1 次。做到三铲三蹚。

4. 虫害防治

（1）黏虫：6 月中下旬，平均 100 株玉米有 50 条黏虫时达到防治指标。可用菊酯类农药防治，每公顷用量 300～450 毫升，对水 450 千克，喷雾防治，或人工捕杀。

（2）玉米螟：防治指标为百秆活虫 80 条虫。高压汞灯防治：时间为当地玉米螟成虫羽化初始日期，每晚 9 时到次日早 4 时，小雨仍可开灯。赤眼蜂防治：于玉米螟卵盛期在田间放一次或两次蜂，每公顷放蜂 22.5 万只。

（3）BT 乳剂：在玉米为心叶末期（5%抽雄）每公顷用 2.25～3 千克的 BT 乳剂制成颗粒剂撒放或对水 450 千克喷雾。

5. 打芽子 及时掰掉芽子，避免损伤主茎。

6. 追肥 玉米拔节前或 7～9 叶期行，每公顷追施纯氮总量的 60%～70%，追肥部位离植株 10～20 厘米，深度 10～15 厘米。

7. 应用化控剂 在抽雄前 3～5 天，每公顷用化控剂 375 毫升对水喷于顶部叶片。

8. 放秋垄 8 月上、中旬，放秋垄拿大草 1～2 次。

9. 站秆扒皮晾晒 玉米蜡熟后扒开玉米果穗苞叶晾晒。

（六）收获

1. 收获时间 玉米在适时播种前提下，还须实行适当晚收，以争取较高的粒重和产量，一般情况下应蜡熟后期收获。

2. 晾晒脱粒 收获后的玉米要进行晾晒，有条件的地方可进行烘干。子粒含水量达到 20%时脱粒，高于 20%以上冻后脱粒。脱粒后的子粒要进行清选，达到国家玉米收购质量标准二等以上。

三、玉米生产目前存在的问题

（一）不重视有机肥的施用

由于化肥的快速发展，牲畜饲养量的减少，施用的有机肥严重不足。有机肥的增施可以提高土壤的团粒性能，改善土壤的通气透水性，保水、保肥和供肥性能。根据调查情况可以看出，不施用或施用较少有机肥的地块，土壤板结，产量相对较低，容易出现病虫害。

（二）化肥投入比例失调

由于农民缺乏科学的施肥技术，以致出现了盲目施肥现象。并且肥料施用分布极不平衡，距离近的耕地施用有机肥，远的地块施用化肥，甚至不上肥干种。

（三）化肥施用方法不科学

主要表现在：第一，施肥深度不够，一般施肥深度 0～10 厘米，不在玉米根系密集层，养分利用率低。第二，施肥时期和方法不当，根据玉米需肥特点，肥料应分次施用。大多数农户在给玉米作物施肥时仅施用一次，造成玉米生长期内养分供应不足，严重影响玉米的产量和降低了化肥的施用效率。第三，化肥施用过于集中，施肥后造成局部土壤化学浓度过大，对玉米生长产生了危害。第四，有些农民不根据自己家地块肥料实际需求，盲目过量施用化肥，不仅造成耕地土壤污染和肥料浪费，而且使土壤形成板结。

（四）重用地，轻养地

春季白地下种的现象蔚然成风，由南至北形成了一种现象。不重视农家肥的积造保管和施用，没有把农家肥放到增产的地位上来；有的地方不充分利用肥料来源，焚烧秸秆的现象依然存在；复播面积扩大，但施肥水平跟不上，这样久而久之土壤养分入不敷出，肥力自然下降。俗话说，又想马儿跑，不给马吃草，马也难跑。产量难以提高。

（五）微量元素肥料施用量不足

调查发现，在微量元素肥料的施用上，施用面积和施用量都少。而且施用时期掌握不好，往往是在出现病症后补施，或是在治理病虫害过程中，施用掺杂有微量元素的复合农药剂。此外，由于农民对氮肥的盲目过量施用，致使土壤中元素间拮抗现象增强，影响微量元素肥料的施用效果。

四、玉米生产的对策

（一）增施土壤有机肥，尤其是优质有机肥

从农业生产物质循环的角度看，作物的产量越高，从土壤中获得的养分越多，需要以施肥形式，特别是以化肥补偿土壤中的养分。随着化肥施用量的日益增加，肥料结构中有机肥的比重相对下降，农业增产对化肥的依赖程度越来越大。在一定条件下，施用化肥的当季增产作用确实很大，但随着单一化肥施用量得逐渐增加，土壤有机质消耗量也增大，造成土壤团粒结构分解，协调水、肥、气、热的能力下降，土壤保肥供肥性能变差，将会出现新的低产田。配方施肥要同时达到土壤供肥能力和培肥土壤两个目的，仅仅依靠化肥是做不到的，必须增施有机肥。有机肥的作用，除了供给物质多种养分外，更重要的是更新和积累土壤有机质，促进土壤微生物活动，有利于形成土壤团粒结构，协调土壤中水、肥、气、热等肥力因素，增强土壤保肥、供肥能力，为作物高产优质创造条件。所以，配方施肥不是几种化肥的简单配比，应以有机肥为基础，氮、磷、钾化肥以及中微量元素配合施用，既获得作物优质高产，又维持和提高土壤肥力。

（二）合理调整化肥施用比例和用量

结合玉米土壤养分状况、施肥状况、玉米作物施肥与土壤养分的关系，以及玉米“3414”田间肥效试验结果，结合玉米作物施肥规律，提出相应的施肥比例和用量。一般条件下，100千克玉米籽粒需吸收纯氮2.5～2.6千克，纯磷0.8～1.2千克，纯钾2.0～2.2千克。玉米施肥应综合考虑品种特性、土壤条件、产量水平、栽培方式等因素。亩产按500～600千克推算，亩施纯氮14千克左右、纯磷6千克左右、纯钾10千克左右。低中山区和丘陵区应在加强氮磷钾合理配比的基础上，重视微量元素肥料的合理施用，特别是锌肥的使用。

（三）增施微量元素肥料

玉米土壤微量元素含量居中等水平，再加上土壤中各元素间的拮抗作用，在生产中存在微量元素缺乏症状，所以高产以及土壤中微量元素较低的地块要在合理施用大量元素肥料的同时，注意施用微量元素肥料，玉米高产地块最好两年或3年每亩底施硼肥或锌肥

1.5～2.0 千克，以提高玉米作物抗逆性能，改善品质，提高产量。

（四）合理的施肥方法

玉米土壤施肥应根据玉米作物的生长特点、需肥规律及各种肥料的特性，确定合适的施肥时期和方法。在施肥时，应注意以下几点：第一，肥料绝对不能撒施，撒施等于不施。第二，由于氮肥和钾肥容易烧苗，在施用氮、钾肥时要注意避免将肥料撒到或带到作物的叶片上，并且施肥时要与玉米根系保持 5 厘米左右的距离；而磷肥中有效成分 P_2O_5 在土壤中移动性很小，在施磷肥时要集中施用，施到作物根系周围，便于作物吸收利用。第三，由于氮肥是易挥发肥料，因此应避免在高温下施肥。第四，碳铵不易与过磷酸钙混合施用，否则易结块影响肥效；尿素与过磷酸钙混合施用时，要随混随用。第四，施用复合肥料和复混肥料时，要注意坚持深施原则，即撒施后耕翻，条施或穴施后盖土；用复合肥做底肥时，在作物生长后期，应追用尿素、碳铵等氮肥，保证玉米作物的养分需求。

第九节　五寨县耕地质量状况与谷子种植标准化生产的对策研究

谷子是五寨县主要粮食作物之一，主要分布在前所乡、杨家坪等乡（镇）。近年来，随着五寨县农业产业结构的调整，以及市场对谷子需求的增加，谷子生产面积也在逐年加大。

一、主产区耕地质量现状

通过本次调查结果可知，全县谷子产区土壤理化性状为：有机质含量为 4.83～7.14 克/千克，平均值为 5.79 克/千克，属省五级水平；全氮含量为 0.32～0.47 克/千克，平均值为 0.35 克/千克，属省六级水平；有效磷含量为 3.57～9.24 毫克/千克，平均值为 5.42 毫克/千克，属省五级水平；速效钾含量为 89.24～115.43 毫克/千克，平均值为 98.24 毫克/千克，属省五级水平；有效硫为 24.17～46.54 毫克/千克，平均值为 32.31 毫克/千克，属省四级水平；微量元素铜、锌、铁、锰皆属省四级水平；硼属省五级水平；钼属省六级水平；pH 为 8.28～8.50，平均值为 8.37；容重平均值为 1.25 克/立方厘米。

二、谷子种植标准技术措施

（一）引用标准

GB 3095—1982　大气环境质量标准

GB 15618—1995　土壤环境质量标准

GB 4285—1989　农药安全使用标准

GB/T 8321　农药合理使用准则

（二）栽培技术措施

1. 选地　基于谷子种子小，后期怕涝、怕“腾伤”的特点，应选择土壤肥沃、通风、排水性好、易耕作、无污染源的丘陵垛地种植为好；避免种在窝风、低洼、易积水的地块。

谷子不宜连作，应轮作倒茬。前茬以大豆、薯类、玉米为好。

2. 施足基肥　秋季收获作物后，每亩施经高温腐熟的优质农家肥 3 000～4 000 千克，碳铵 50 千克，过磷酸钙 50 千克。所有肥料结合秋耕壮垡一次底施。

禁止施用的肥料有：一是未经无害化处理的城市垃圾、医院的粪便、垃圾和含有有害物质的工业垃圾。二是硝态氮肥和未腐熟的饼肥、人粪尿。三是未获准省以上农业部门登记的肥料产品。

3. 秋耕壮垡　清理秸秆根茬—施肥—深耕—平整—耙耱，要求达到净、深、透、细、平，即根茬净，犁深在 26 厘米以上，应犁透，不隔犁，细犁，细耙，耕层无明暗坷垃，地面平整。

4. 播前整地　播前将秋耕壮垡的地块，进行浅拱、耙耱、平整、清除杂草，使土壤上虚下实。土壤容重为 1.1～1.3 克/立方厘米。

5. 品种选择　谷子属于短日照喜温作物，对光温条件反应敏感。必须选用适合当地栽培，优质、高产、抗病性强的、通过省级认定的优良品种。种子的质量应符合 GB 4404.1—1996 的规定。选择适合当地品种。

6. 种子处理　播种前 15 天左右，选晴天将谷种薄薄摊开 2～3 厘米，暴晒 2～3 天。

7. 播种

（1）播期选择：以立夏至小满为宜，可依品种、土壤墒情灵活掌握。生育期长的品种可适当早播，反之，则应适当推迟播期；土壤墒情好时，可适当晚播。

（2）土壤墒情：播种时 0～5 厘米土壤含水量应以 13%～16%为宜。

（3）播量：一般每亩播种 0.8～1.0 千克。

（4）播种方式：采用机播耧为好，也可用土耧，行距为 26～33 厘米。大小行种植时，宽行 40～45 厘米，窄行 16～23 厘米。

（5）播种深度：播深以 4～5 厘米为宜，最深不超过 6.6 厘米。

（6）播后镇压：播后随耧镇压。若土壤过湿，应晾墒后再镇压。播后遇雨，要及时镇压，破除地表板结。

8. 苗期管理

（1）幼苗快出土时，压碎坷垃，踏实土壤，防止“悬苗”或“烧尖”。

（2）在 4 叶一心时，及时间苗，每亩留苗 3 万株左右，密度可根据地力和施肥水平适当调整，应避免荒苗，间苗时浅锄、松土、围苗、除草，促进深扎、促进苗壮发。

（3）留苗密度：肥沃地每亩留苗 2.53 万～3 万株；坡梁地每亩留苗 1.53 万～2 万株。

（4）中耕除草：第一次中耕结合定苗浅锄，围土稳苗；25～30 厘米时中耕培土，深锄、细锄，深度 5～7 厘米；苗高 50 厘米时，中耕培土，防止倒伏。

9. 拔节孕穗期管理

（1）清垄：8 叶期将谷行中的谷莠子、杂草、病虫株及过多的分蘖等拔除，减少病虫、杂草的危害和水肥的无为消耗，使苗脚清爽、通风透光。

（2）中耕除草：在清垄时或清垄后及时进行中耕，深度 10～15 厘米，除掉行间杂草，促进多发、深扎，增强根系吸收水肥能力和土壤蓄水保墒能力。

（3）追肥：在10叶期，对一些地力较差、底肥不足的地块，可采取8叶期只清垄不中耕，10叶期结合追肥进行深中耕，每亩追施尿素5～8千克。

（4）高培土：为防倒伏、增蓄水，在孕穗期要进行高培土。

（5）防“胎里旱”、“卡脖旱”：严重干旱时，在孕穗期每亩用抗旱剂0.1～0.5千克，对水60千克进行叶面喷施，缓解“胎里旱”、“卡脖旱”。

10. 后期管理 为防早衰，提高穗粒数，增加粒重，谷子抽穗后，需进行叶面追肥。一般用2%尿素和0.2%磷酸二氢钾和0.2%硼酸溶液，进行叶面喷洒，每亩喷施40～60千克。喷施时间应在扬花期和灌浆期进行。

（三）病虫害防治

谷子主要病害有谷子白发病、黑穗病，主要害虫有粟灰螟、金针虫、蝼蛄。

1. 农业防治 采取轮作倒茬、科学施肥、处理根茬、选用抗病品种、种子处理、加强栽培管理等一系列有效措施，防治病虫害。

2. 物理防治 根据害虫生物学特性，利用昆虫性诱剂、糖醋液、黑光灯等干扰成虫交配和诱杀成虫。

3. 生物防治 人工释放赤眼蜂，保护和助迁田间瓢虫、草蛉、捕杀螨、寄生蜂、寄生蝇等天敌，使用中等毒性以下的植物源、动物源和微生物源农药进行防治。

4. 化学防治 要加强病虫害的预测预报，做到有针对性的适时防治。未达防治指标或益害虫比合理的情况下不用药；严禁使用禁用农药和未核准登记的农药；根据天敌发生特点，合理选择农药种类、施用时间和施用方法，保护天敌；根据病虫害的发生特点，注意交替和合理使用农药，以延缓病虫产生抗药性，提高防治效果；严格控制施药量与安全间隔期。

5. 主要病虫害防治措施

（1）谷子白发病：将种子放在浓度10%盐水中，捞出上面秕谷、杂质，将下沉种子捞出用清水洗2～3遍，晾干后用35%瑞毒霉按种子量0.3%均匀拌种。

（2）谷子黑穗病：将谷子放在浓度20%石灰水中浸种1小时，去除秕谷、杂质，捞出晾干，用40%拌种双按种子量0.2%均匀拌种。

（3）粟灰螟：春季将谷田根茬全部清理干净，并烧掉。6月上中旬，当谷田平均500株谷苗有一块卵或出现个别枯心苗时，用苏云金杆菌300倍或2.5%溴氰菊酯4 000倍液或20%氰戊菊酯3 000倍液喷雾防治。

（4）金针虫、蝼蛄：一是推荐使用包衣种子；二是未经包衣种子可用50%辛硫磷乳油按种子量0.2%拌种，闷种4小时，晾干后播种。

（四）适时收获

9月底至10月初谷穗变黄、籽粒变硬、谷码变干时，适时收获。谷子收获应连秆一起运回或放倒在田间3～5天，然后再切穗脱粒。

（五）运输、储藏

1. 运输 运输工具要清洁、干燥，有防雨设施。严禁与有毒、有害、有腐蚀性、有异味的物品混运。

2. 储藏　应在避光、低温、清洁、干燥、通风、无虫鼠害的仓库储存。入库谷子含水量不大于13%。严禁与有毒、有害、有腐蚀性、易发霉、有异味的物品混存。

三、谷子标准化生产存在的问题

1. 土壤养分含量不高　土壤养分含量基本属于中等水平，主要表现在有机肥施用量少，甚至不施。

2. 化肥施用方法不当　许多农民在施肥时只图省事，不考虑肥效，化肥撒施现象相当普遍，使肥料利用率很低，白白浪费了肥料，严重时还会对水体、大气造成危害。

3. 化肥用量不合理　据调查农民偏施氮肥，且用量大，磷钾用量不合理，养分不均衡，降低了养分的有效性。

4. 地块过小，机械化程度不高　谷子生产地块主要选择在山地、坡地，一般地块面积都比较小，机械化生产困难。

四、谷子标准化生产对策

1. 提高土壤养分含量　严格按照谷子生产的措施，按每亩3 000～4 000千克农家肥底施，一次性施足，并在此基础上，施入一定量的化肥。

2. 科学施肥　建议：一是在秋耕时，进行秋施肥；二是少施氮肥，氮、磷、钾要平衡施肥；三是在微量元素含量较少的地块，进行补充微量元素肥量，可底施，也可叶面喷施。

3. 加大农田基本建设　加大农田基本建设的目的，是谷子生产的地块要适应机械化生产的要求。一是采取修边垒堺，将坍塌地块修整；二是将小地块变大地。

图书在版编目（CIP）数据

五寨县耕地地力评价与利用 / 王应主编 . —北京：
中国农业出版社，2016.3
ISBN 978-7-109-21445-3

Ⅰ.①五… Ⅱ.①王… Ⅲ.①耕作土壤－土壤肥力－土壤调查－五寨县②耕作土壤－土壤评价－五寨县 Ⅳ.①S159.225.4②S158

中国版本图书馆 CIP 数据核字（2016）第 025860 号

中国农业出版社出版
（北京市朝阳区麦子店街 18 号楼）
（邮政编码 100125）
责任编辑 杨桂华

中国农业出版社印刷厂印刷 新华书店北京发行所发行
2016 年 4 月第 1 版 2016 年 4 月北京第 1 次印刷

开本：787mm×1092mm 1/16 印张：10.75 插页：1
字数：260 千字
定价：80.00 元

五寨县耕地地力等级图

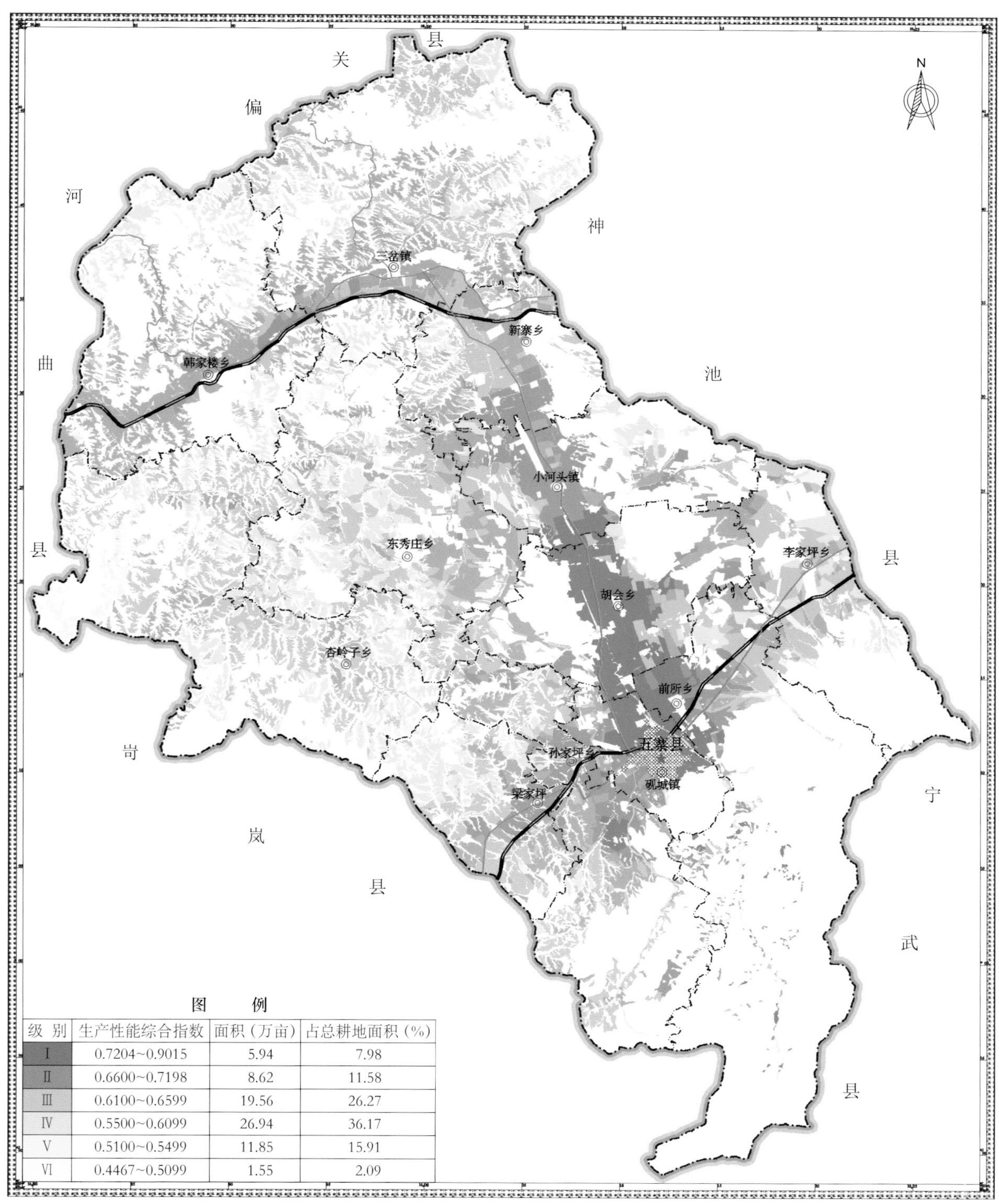

图　例

级 别	生产性能综合指数	面积（万亩）	占总耕地面积（%）
Ⅰ	0.7204~0.9015	5.94	7.98
Ⅱ	0.6600~0.7198	8.62	11.58
Ⅲ	0.6100~0.6599	19.56	26.27
Ⅳ	0.5500~0.6099	26.94	36.17
Ⅴ	0.5100~0.5499	11.85	15.91
Ⅵ	0.4467~0.5099	1.55	2.09

山西省土壤肥料工作站监制
山西农业大学资源环境学院承制
二〇一一年十二月

1954 年北京坐标系
1956 年黄海高程系
高斯—克吕格投影

比例尺　1 ： 250 000

五寨县中低产田分布图

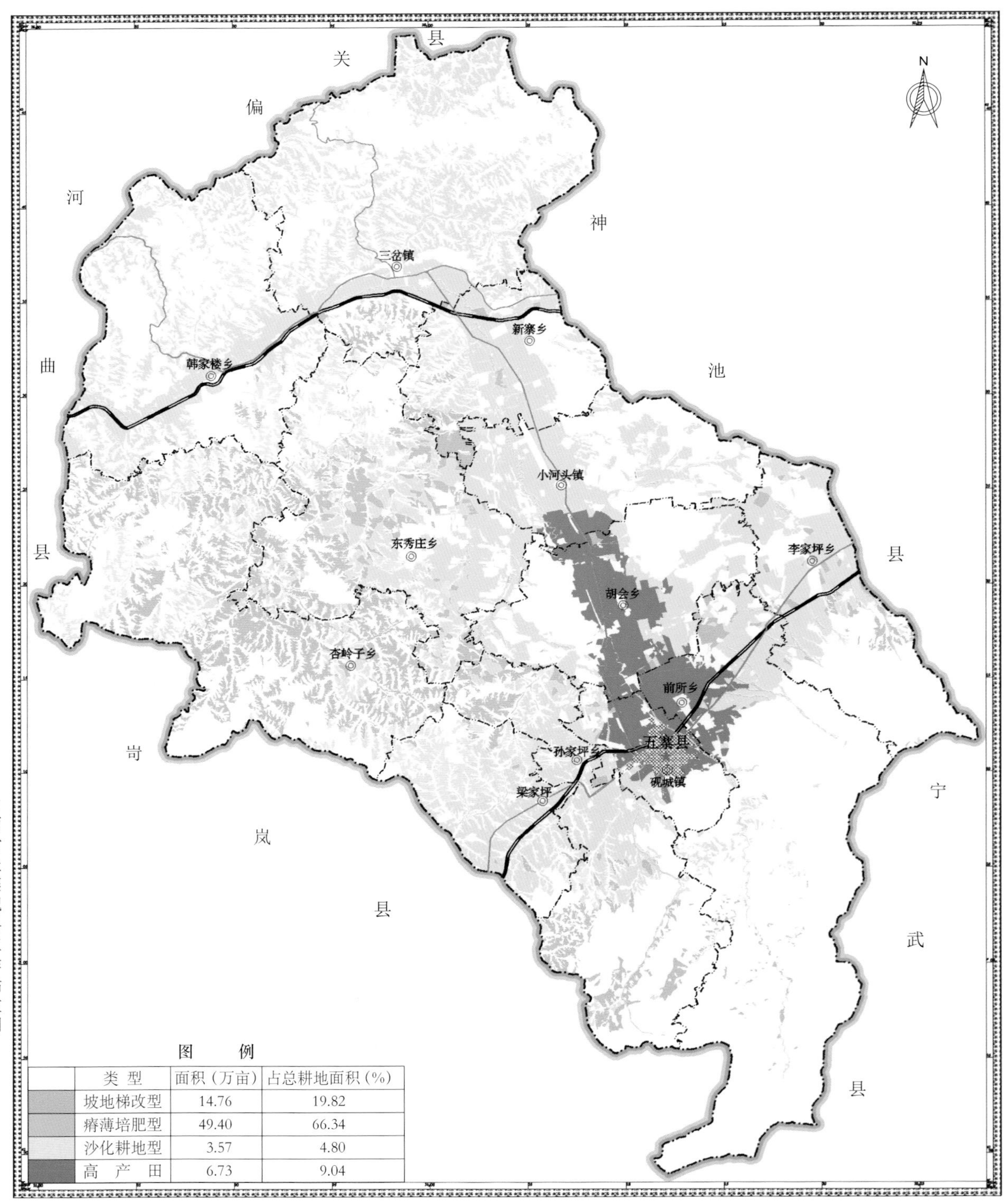

图　例

	类　型	面积（万亩）	占总耕地面积（%）
	坡地梯改型	14.76	19.82
	瘠薄培肥型	49.40	66.34
	沙化耕地型	3.57	4.80
	高　产　田	6.73	9.04

山西省土壤肥料工作站监制
山西农业大学资源环境学院承制　二〇一一年十二月

1954 年北京坐标系
1956 年黄海高程系
高斯—克吕格投影

比例尺　1 ：250 000